微波与卫星通信技术

（第2版）

井庆丰　编著

国防工業出版社
·北京·

内 容 简 介

本书涵盖了微波与卫星通信的基本理论、信号传播特点及实际应用等各个方面。介绍了卫星通信系统的概念和组成、通信卫星轨道与发射、卫星通信系统地面段和空间段的系统组成、卫星通信的调制与解调技术、纠错控制技术、多址接入技术、微波的传播特点以及卫星链路参数进行计算和设计等内容。书中给出了各章的要点以及习题，使学生对课程的理解更加深入。

本书可作为高等院校通信专业高年级学生和研究生的教材或参考书，也可供从事卫星通信的工程技术人员学习参考。

图书在版编目（CIP）数据

微波与卫星通信技术/井庆丰编著. —2 版. —北京：国防工业出版社，2020.8

ISBN 978-7-118-12177-3

Ⅰ. ①微… Ⅱ. ①井… Ⅲ. ①微波通信－高等学校－教材 ②卫星通信－高等学校－教材 Ⅳ. ①TN925 ②TN927

中国版本图书馆 CIP 数据核字（2020）第 151647 号

※

国防工业出版社 出版发行

（北京市海淀区紫竹院南路 23 号 邮政编码 100048）

三河市天利华印刷装订有限公司印刷

新华书店经售

*

开本 787×1092 1/16 印张 11¼ 字数 250 千字

2020 年 8 月第 2 版第 1 次印刷 印数 1—3000 册 **定价 49.00 元**

国防书店：（010）88540777 书店传真：（010）88540776

发行业务：（010）88540717 发行传真：（010）88540762

前　言

时光荏苒，岁月如梭，转眼间距离第 1 版教材的出版已有 8 年之遥。第 1 版教材经过八年的学习、讲解、勘误、探究、总结得失，在感慨时间飞逝之余，总有些许遗憾，于是决定再版。8 年间，所有的人和事都变了，唯一不变的是作者对卫星通信这门技术不懈的追求。

卫星通信系统以其全球无缝覆盖性、优质的信道特性、固定的广播能力、按需灵活分配带宽以及支持移动终端等优点，已成为一种向全球用户提供互联网络和移动通信网络服务的核心方案之一。与此同时，时有发生的重大灾害对地面通信系统的破坏能力极强，国家和人民对于卫星通信这种能够在自然灾害中不易受较大破坏的通信方式的需求越来越强。同时，卫星通信系统对于飞速发展的组播和广播，特别是宽带多媒体数据传输、高分辨率遥感图像传输、合成孔径雷达成像传输等，具有很好的服务能力。作为宽带接入网，卫星通信可以接入各种不同的网络系统，为不同条件下军用、民用的固定和移动用户终端之间提供通信服务。当前卫星通信已逐渐成为地面通信基础设施的重要组成部分，卫星通信新技术不断拓展，形成了许多新的科学研究领域和方向。因此，对卫星通信的基本知识掌握是很有必要的。

本书是结合国内外的关于卫星通信的经典教材和文献、结合作者的实际科研经验编写而成，例题、思考题、习题丰富，条理清晰，适用于高等院校通信工程、无线电工程、电子信息工程以及航天信息工程等专业高年级本科生使用。学习本门课程需要具备较为扎实的高等数学、线性代数、概率论以及通信原理、数字信号处理等专业基础课程的学习基础。

本书分为四篇。具体内容如下：第 1 篇介绍了卫星通信系统的概念和组成，其中包括对微波与卫星通信概念、通信卫星轨道与发射以及对卫星通信系统地面段和空间段的系统组成进行分析；第 2 篇介绍了卫星通信的基本技术，包括卫星通信数字信号的调制和解调、纠错控制技术、多址接入技术等；第 3 篇主要针对微波的传播特点进行分析，并对卫星链路参数进行计算和设计；第 4 篇简要介绍了卫星通信系统的典型应用。

再版的过程涵盖了编者 8 年的总结和科研感悟，站在一个教学工作者的角度上，希望把这个教材做的更好，更加适合学生的自学和作为未来科学研究的铺垫。

在本书的编写过程中，得到了哈尔滨工业大学电子与信息工程学院的郭庆院长、杨明川教授的悉心指导和帮助，这里对两位老师表示由衷的感谢。在本书出版过程中，得到了南京航空航天大学航天学院、教务处诸位领导的大力帮助，也得到了严晓菊教授和刘丹梅、王华夏两位同学的热心帮助，这里一并感谢。

由于时间仓促及学识有限，书中难免存在不足和疏漏之处，恳请广大读者不吝指正。

井庆丰
2019 年 1 月
南京航空航天大学

目　录

第1篇　卫星通信系统的概念及组成

第4篇　卫星通信的应用

第 1 篇

卫星通信系统的概念及组成

第 1 章

微波与卫星通信概述

本章核心内容

- 电磁波的概念及分类
- 微波通信的概念及特点
- 卫星通信的基本特点
- 卫星通信的发展历程
- 卫星通信的轨道分类
- 卫星通信的频段划分
- 卫星通信系统的组成

在学习微波与卫星通信之前，需要明确微波与卫星通信的概念及其特点。本章首先介绍微波与卫星通信的概念及特点；然后介绍卫星通信的频率划分与轨道划分方法；最后简要介绍卫星通信系统和链路的组成。

1.1 电磁波与微波

1.1.1 电磁波的定义

电磁波（Electromagnetic Wave）是指同相振荡且互相垂直的电场与磁场，在空间中传递能量和动量的波，其传播方向垂直于电场与磁场的振荡方向。

1.1.2 电磁波的分类

电磁辐射的载体为光子，不需要依靠介质传播，在真空中的传播速度为光速。电磁辐射可按照频率分类，从低频率到高频率，主要包括无线电波、微波、红外线、可见光、紫外线、X 射线和 γ（伽马）射线，如图 1-1 所示。人眼可接收到的电磁辐射，波长在 380～780nm 之间，称为可见光。只要是本身温度大于绝对零度的物体，除了暗物质以外，都可以发射电磁辐射，而世界上并不存在温度等于或低于绝对零度的物体，因此，人们周边所有的物体时刻都在进行电磁辐射。尽管如此，只有处于可见光频域以内的电磁波，才可以被人们肉眼看到，对于不同的生物，各种电磁波频段的感知能力也有所不同。通信中常用的电磁波波段如图1-2所示。

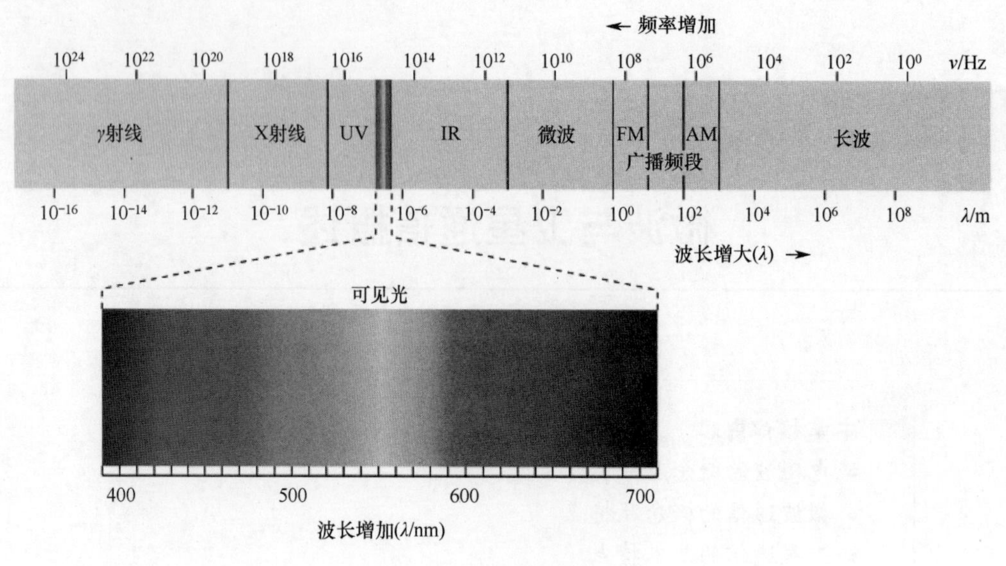

图1-1 电磁波频谱分布

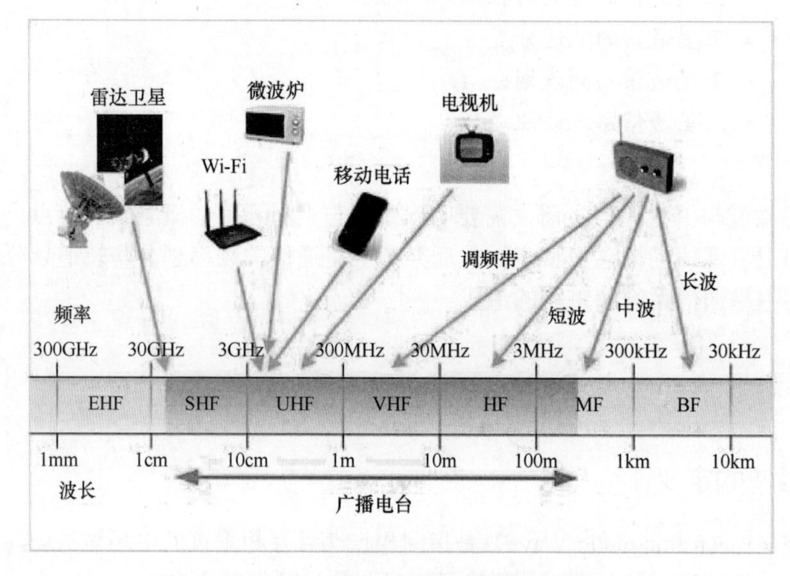

图1-2 通信中常用的电磁波波段

1.2 微波通信的概念及特点

1.2.1 微波通信的概念

微波是指频率为300MHz～300GHz的电磁波，是无线电波中一个有限频带的简称，即波长为1mm～1m之间的电磁波，是分米波、厘米波、毫米波和亚毫米波的统称。微波频率比一般的无线电波频率高，通常也称为“超高频电磁波”。微波作为一种电磁波也具有波粒二象性，但由于其波长较短，粒子性表现得尤为明显，因此，其基本性质通常呈现为穿透、反射、吸收三个特性。微波因为具有以上的特性，与激光和红外线一同作为常用的无线传输介质。

微波通信是指用微波作为载体携带信息，通过无线电波空间进行中继通信的方式。微波通信包括地面微波接力通信、对流层散射通信、卫星通信、空间通信及工作于微波频段的移动通信。

1.2.2　微波通信的特点

微波通信最基本的特点是工作频带宽、通信容量大、便于中继通信。

（1）工作频段宽，包括了分米波、厘米波、毫米波和亚毫米波四个频段。

（2）通信稳定可靠。在微波频段，天电干扰、工业干扰及太阳黑子的变化基本无法对其产生影响。

（3）通信容量大。微波通信设备的通频带可以做的很宽，因此，可容纳比其他频段更多的话路。

（4）便于中继通信。由于地球是圆的，加之地面上的地貌所限，使得地球上两点间能够直接通信的距离有限，即视距通信受限。为了可靠通信，就需要在两点的线路中间（空间）架设若干个中继站，采用接力的方式传输信息，类似的情况同样发生在卫星、飞行器及其他空间站之间的宇宙飞行体之间的通信中。

与其他的通信方式一样，微波通信也可以简单的分为模拟微波通信和数字微波通信。目前，使用的绝大多数微波通信系统都是基于数字的，数字微波通信具有一切数字通信的优点：

（1）抗干扰能力强，纠错、扩频、分集等技术的使用极大地增强了数字微波通信系统的抗干扰能力；

（2）通过一定的转发手段，可以使线路噪声不累积；

（3）便于加密，保密性强；

（4）器件便于微型化、固态化和集成化，设备体积小、耗电低；

（5）便于采用多址接入方式，增加系统用户容量；

（6）新技术扩展的需求。

数字微波通信同样具有数字通信的缺点，如果要求的信道传输带宽较宽、容易产生频率选择性衰落以及需要较复杂的抗衰落体制等。

1.2.3　微波通信常用的介质

微波通信中常用的介质分为有线介质和无线介质两种。其中，有线介质包括同轴电缆、双绞线和光纤；无线传输介质包括激光、可见光、红外线、微波等。

1.3　卫星通信概述

1.3.1　卫星通信的概念

卫星通信是典型的微波通信方式之一。卫星通信是指利用一颗或多颗人造地球卫星作为中继站，转发或反射无线电波，在地球站、卫星、空间站、飞行器之间进行的信息传输方式。这里提到的地球站是指设在地球表面（包括地面、海洋或大气中）的通信站。

1.3.2 卫星通信的特点

卫星通信具有一些其他通信方式不可比拟的优点，主要包括：

（1）覆盖面积大。例如对于地球静止卫星，3 颗卫星即可覆盖地球赤道及其两侧的几乎全部地区，因此，卫星就可以作为一个能把在地理上相距很远的众多用户同时连接在一起的通信网络枢纽。

（2）通信的成本对距离不敏感。这意味着依靠卫星中继的通信双方相距很近与相距很远的卫星通信链路成本几乎是一样的，但是该成本也较高。因此，只有当系统处于连续使用状态，且成本能够在大量用户间分摊时，使用卫星通信系统是较为经济的。

（3）通信频带宽，传输容量大，可进行多址通信。卫星通信作为典型的微波通信中的一员，其提供的带宽和传输容量非常大，这也便于多用户的接入，实现多址通信。

（4）信号传输质量高，通信线路稳定可靠。因为卫星通信的电波主要是在大气层以外的宇宙空间传输，宇宙空间可以看作是均匀介质，因此电波传播比较稳定，且电波不易受到地形等自然条件的影响，也不易受到人为干扰的影响，传输质量较高，稳定性较好。

（5）通信链路架设灵活，易于处理突发事件。卫星能够为人口稀少的偏远地区或者遭受战争、自然灾害地区提供通信链路，在这些情况下使用其他通信方式则是非常困难的。

和其他的通信系统一样，卫星通信系统也存在通信延迟大、卫星发射与控制困难、存在星蚀与日凌现象等缺点。

1.3.3 卫星通信的轨道划分及特点

1. 卫星通信轨道划分

由于使用目的、覆盖要求、技术水平及经济实力的不同，卫星在空间运动的轨道是多种多样的，与此对应的是轨道的划分方法也不相同，目前主要采用以下几种分类方法：

（1）按轨道形状（离心率 e）划分为圆轨道（e=0）和椭圆轨道（$0<e<1$）。

（2）按轨道面相对赤道面的倾角（轨道倾角 i）划分为赤道轨道（i=0°）、倾斜轨道（$0°<i<90°$）和极轨道（i=90°）。

（3）根据卫星所处轨道高度 H 划分为低轨道（LEO，H<5000km）、中轨道（MEO，5000km<H<20000km）和高轨道（HEO，H>20000km）。

（4）根据卫星与地球上的某一点是否保持相对静止，划分为对地静止轨道（GEO）和非对地静止轨道，其中 GEO 的轨道周期是一个恒星日，轨道倾角 i=0°。

（5）按卫星轨道的重复特性方面，划分为回归轨道、准回归轨道和非回归轨道。

（6）对于由多颗卫星组成的卫星星座，还可根据是否对卫星轨道进行控制以保持星座内各卫星之间有固定不变的相对位置，划分为固定位相星座和随机位相星座。

对于任意一颗卫星都可能兼而具备上述一种或多种特征。卫星通信中常用的卫星轨道一般具有以下特征：

（1）GEO 具有圆轨道、赤道轨道、高轨道和对地静止轨道等特征；

（2）MEO 具有倾斜或极轨道、中轨道、非对地静止轨道等特征；

（3）LEO 具有倾斜或极轨道、低轨道、非对地静止轨道等特征；

（4）HEO 具有椭圆轨道、倾斜轨道、高轨道和非对地静止轨道等特征。

执行不同航天任务的卫星，要求采用不同的轨道，有时还要由多颗卫星组成卫星星座。①空间科学探测卫星，一般采用大偏心率的椭圆轨道，使其远地点能够深入太空；②对地观测执行全球观察任务的卫星，一般采用对地静止轨道以便进行可见光观测，并且要求轨道能够按照一定的规律覆盖地球；③执行对地面目标进行观测的侦察卫星，要求卫星在目标上空的轨道高度较低，以便获得地面目标的高分辨率图像；④执行对地面目标动态观测的卫星，要求卫星的轨道能够使星下点重复，以便追踪动态目标；地区性固定通信业务的通信卫星目前大多使用对地静止轨道，以便地球站对卫星的跟踪；⑤执行全球通信或者全球导航任务的系统，往往要使用多颗卫星组成的卫星星座，实现通信切换以及构成导航系统等。典型的卫星导航系统高度如图 1-3 所示。

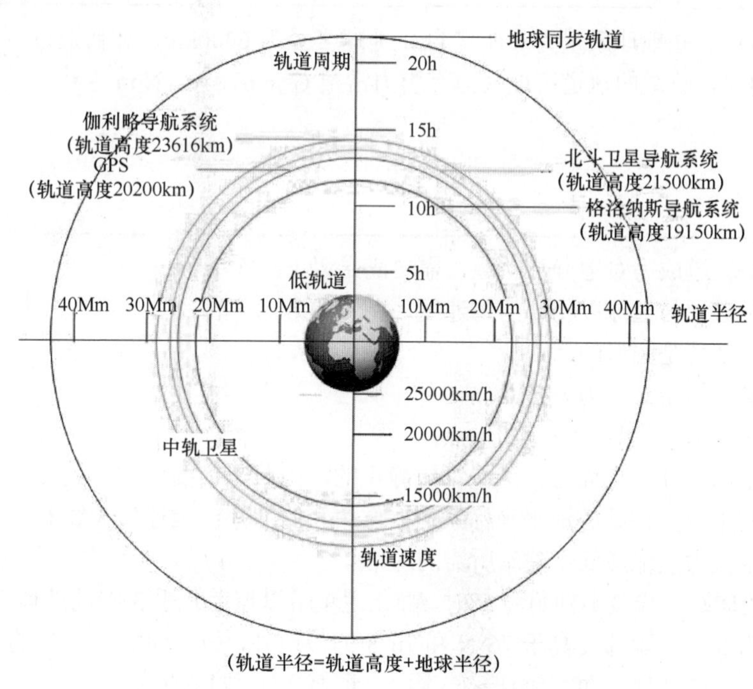

图 1-3　典型的卫星导航系统高度示意图

2. 极轨道

极轨卫星是指轨道倾角 i=90°的卫星，其轨道平面几乎不变，如图 1-4 所示。即使在各种摄动力的影响下，运行时间足够长时，极轨卫星轨道平面的摆动范围仍然较小。极轨卫星的运行轨道可以覆盖地球的南北两极区域，理论上极轨道有无数条，常用来对南、北两极的海洋、气象和环境等进行遥感、遥测。

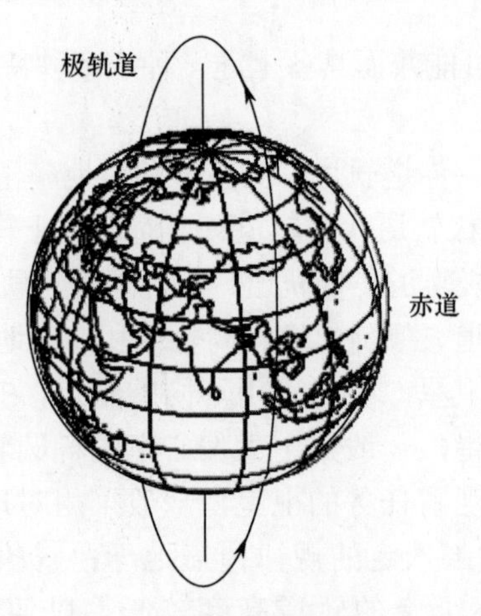

图 1-4　极轨道示意图

3. 对地静止轨道

对地静止轨道中的卫星相对地球是静止的，其轨道高度约为 35800km，卫星运动方向与地球自转方向相同，绕地球一周的公转时间约为 24h，与地球自转周期相同。地球上的地球站与卫星的相对位置如同静止一样，故称为对地静止轨道。

> 思考题：已知地球质量为 6×10^{24} kg，地球半径为 6400km，如何通过万有引力定律计算对地静止轨道的轨道高度（万有引力常数 $G=6.67\times10^{-11}\mathrm{N\cdot m^2/kg^2}$）？

要使一条轨道成为对地静止轨道，需要满足以下三个条件：

（1）卫星必须与地球以相同的角速度、相同的方向旋转；

（2）轨道必须是圆形的；

（3）轨道的倾角必须为 i=0°。

对地静止轨道卫星具有以下的优点：

（1）对地球上任何点而言，卫星都是静止的，因此不需要地球站天线周期性地跟踪卫星运动。利用卫星在站心地平坐标系的方位角和俯仰角，地球站天线射束可以准确地瞄准卫星，这就大大地降低了建站所需的造价。

（2）当地球站天线最小仰角为 5°时，静止卫星可以覆盖几乎 38%的地球表面。因此，当最小仰角为 5°时，除纬度高于 76°N 和 76°S 的极地外，彼此间隔为 120°的 3 颗静止卫星，可以覆盖整个地球表面，而且某些表面有重叠，如图 1-5 所示。

（3）对于静止卫星覆盖范围内的所有地球站来说，卫星在轨道中漂移而引起的多普勒频移较小，这是很多数字卫星通信系统所需要的。

正是基于以上的优点，对地静止轨道是应用最为广泛的轨道种类之一，大部分商用通信卫星使用静止轨道，如国际卫星通信组织建立的国际卫星通信系统（INTERLSAT）就是利用位于太平洋、印度洋和大西洋上空的 3 颗同步卫星构成，它们承担着全球通信网约 80%的国际通信业务和电视转播业务。

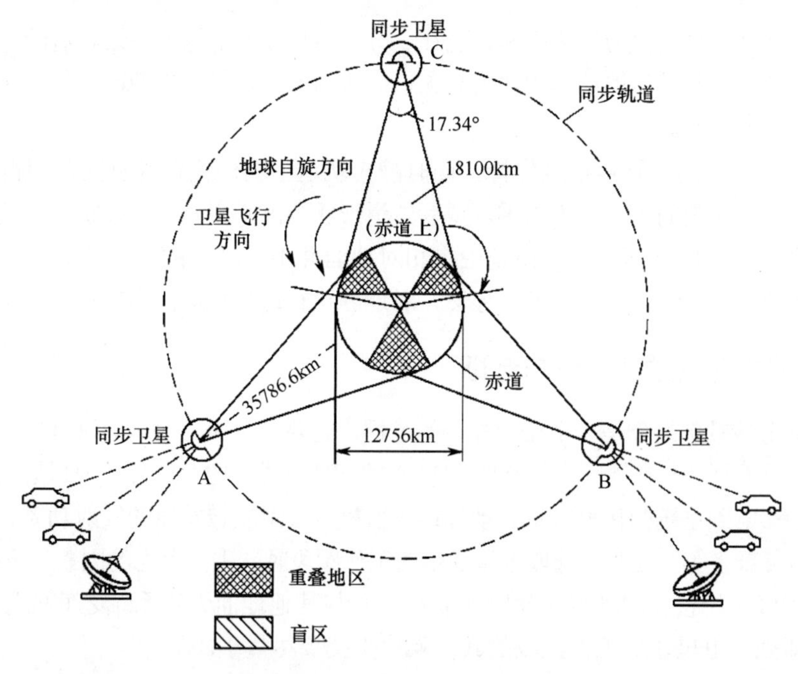

图 1-5　利用 3 颗对地静止卫星建立全球通信

4. 星蚀与日凌

如果地球赤道面与地球围绕太阳旋转的平面（“黄道面”）重合，对地静止卫星将每天遭遇一次地球的星蚀。赤道面相对黄道面倾斜 23.4°，这使得卫星在一年中大部分的时间内能完全看到太阳，如图 1-6 所示。在春分点和秋分点前后，当太阳穿越赤道面时，在一段时间内卫星进入地球的阴影区，这段时间卫星处于星蚀状态。在星蚀期间，太阳能电池不能工作，卫星的工作电源需要由蓄电池等方式供给。

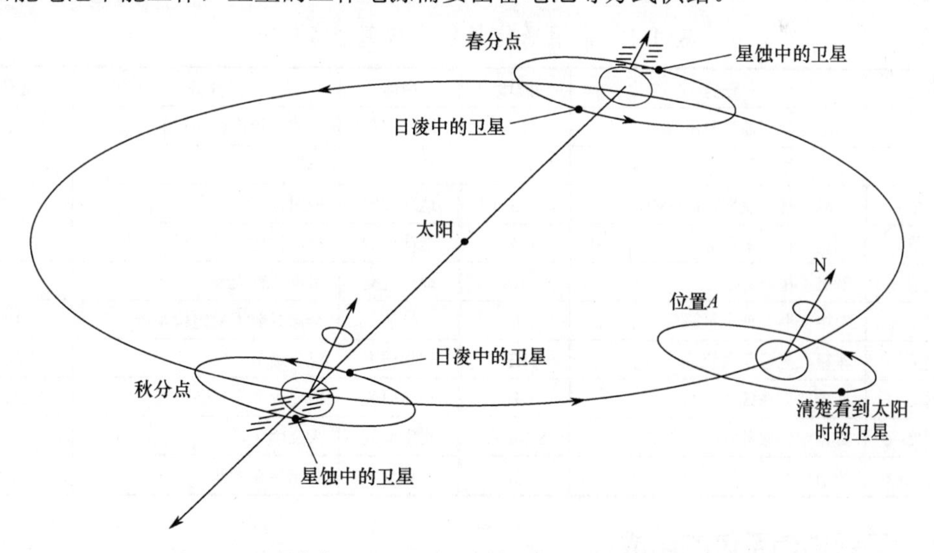

图 1-6　卫星在春分点和秋分点前后遭遇星蚀和日凌的示意图

在二分点期间不可避免的另一个事件是处于地球和太阳之间的卫星的日凌现象，如图 1-6 所示，太阳处于地球站天线的波束内，太阳就像一个极大的噪声源，完全淹没了卫星的信号，此种情况被称为日凌中断，它在二分点前后6天中每天持续较短的时间。日凌中断的发生和持续时间与地球站的纬度有关，一般情况下，最大中断时间约为10min。

5. 地球同步轨道

由于静止轨道的零倾角很难保持，同时静止轨道上的位置资源有限，使得很多静止轨道高度的卫星轨道的倾角并不为零，或者轨道形状为离心率 $e\neq 0$ 的圆轨道。这种轨道的周期仍然和地球自转周期相等，但是卫星相对地面并不是静止的。轨道周期与地球自转周期相等的轨道称为地球同步轨道，显然，对地静止轨道是地球同步轨道的一个特例。

1.3.4 卫星通信的频率划分与选取

卫星业务的频率划分是一个相当复杂的过程，它要求在国际组织间进行协调和规划。卫星业务的频率划分是在国际电信联盟（ITU）的管理下进行的。此外，卫星通信的工作频段选取还会影响到系统的传输容量、地球站发射机以及卫星转发器的发射功率、天线口径尺寸及设备复杂度等。因此，选取卫星通信的工作频段时，主要考虑的因素如下：

（1）天线系统接收的外界干扰噪声要小，且与其他地面无线系统之间的相互干扰要尽量小，即处于卫星通信工作频段的其他噪声干扰要尽量小。

（2）电波的自由空间传播损耗要小。

（3）适用于该频段的设备质量要轻，且体积小。

（4）可用频带宽，以便满足传输信息的要求。

（5）尽可能利用现有的通信技术和设备。

卫星提供的业务总体可分为卫星固定业务、卫星广播业务、卫星移动业务、卫星导航业务和卫星气象业务等。表1-1列出了卫星业务常用的通信频段以及其常用的业务范围，其中Ku频段表示低于K频段的部分，Ka频段表示高于K频段的部分。

表1-1 常用通信频段及常用业务范围

用途	任务	波段	用途	任务	波段
通信	移动交互式通信卫星服务	L,S	地球观测	合成孔径雷达（SAR）	P,C,X,Ka
通信	移动广播卫星服务：DARS	S	地球观测	测高仪	C,Ku,Ka
通信	移动广播卫星服务：DMB	S	地球观测	散射仪	C
通信	固定广播卫星服务	C,Ku	地球观测	探测雷达	P
通信	宽带卫星服务	Ka	地球观测	数据传输天线	X/Ka
通信	空中交通管理卫星服务	L	导航	全球导航卫星定位系统	L
通信	军事卫星通信系统	UHF,X	科学研究	深空通信	X/Ka
通信	应急通信系统	UHF	科学研究	射电天文学任务	L,C,Ku
通信	数据中转服务	S,Ku,Ka	科学研究	天文学	
地球观测	辐射仪	P,L	地球观测	数据传输天线	X/Ka

1.3.5 卫星通信系统的组成

1. 卫星通信系统的构成

卫星通信系统是由空间段（通信卫星）、地面段（通信地球站）、跟踪遥测及指令分系统和监控管理分系统这四大部分组成，如图 1-7 所示。其中，直接用来进行通信的包括通信卫星、地面段的关口站和用户段的地球站或通信终端设备，而跟踪遥测及指令和监控管理分系统负责保障卫星通信正常工作。

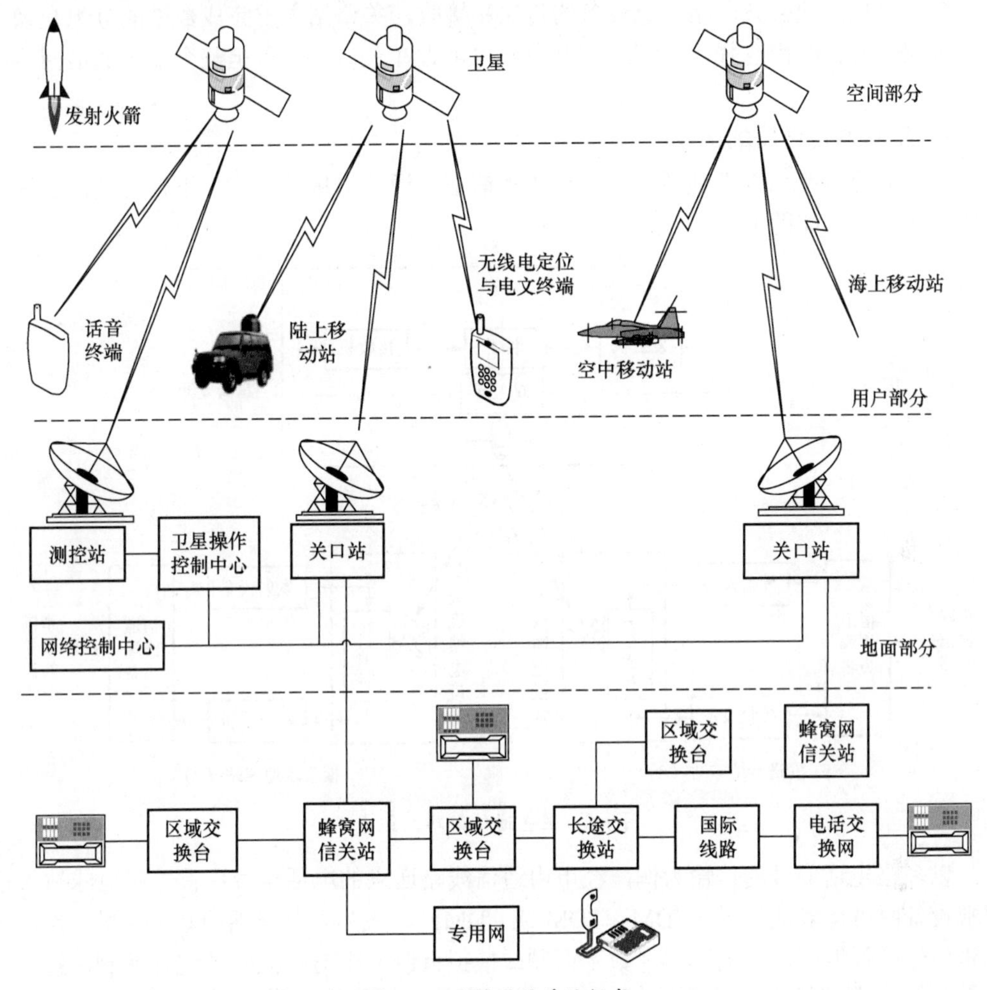

图 1-7　卫星通信系统组成

通信卫星主要是起无线中继站的作用，通过星上转发器（微波收、发信机）或交换机和天线转发或交换地面、空中、海上固定站和移动站的信息。一个卫星的通信装置可以包括一个或多个转发器，每个转发器能同时接收和转发多个地球站或通信终端的信号，星上交换机能提供多通道间的信号交换。当每个转发器提供的功率和带宽一定时，转发器越多，卫星通信系统的容量越大。

通信地球站及终端设备可以是固定站及车、船、飞机等所用的移动台、便携台、手持台。

跟踪遥测及指令分系统是能够对卫星进行跟踪测量，并控制其准确进入卫星预定轨道的系统，在卫星正常运行后，承担定期对卫星进行轨道修正和位置姿态保持的任务。

监控管理分系统对定点轨道的卫星在通信业务开通前后对卫星转发器功率、卫星天线增益以及各地球站或通信终端发射的功率、载波频率和带宽等基本通信参数进行监控，以保证系统的正常通信，同时能够符合不同卫星通信系统间的协调要求。

关口站是卫星通信系统的核心，负责卫星通信网与公众电话网、因特网等网络之间的连接，为固定地球站和通信终端用户提供话音、视频和数据的传输信道。对于卫星通信系统用户与其他公共网络信息业务的传送和接收，关口站主要完成数据的分组交换、接口协议转换、路由选择等。网络控制中心也可设在关口站，承担整个卫星通信网络的管理任务。

2. 卫星通信链路的组成

卫星通信链路由发端地球站、上行传播信道、通信卫星转发器、下行传播信道和收端地球站组成，如图1-8所示。

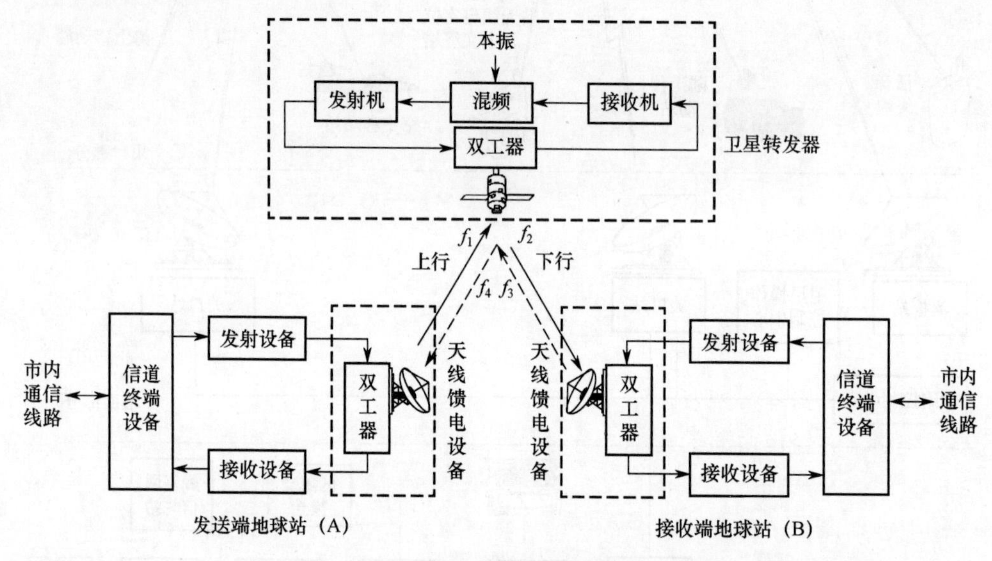

图1-8　卫星通信链路的组成

以多路电话信号的传输为例，经市内通信线路送来的电话信号：首先在地球站A的终端设备内进行多址复用（FDM、TDM或CDM），成为多路电话的基带信号；然后对基带信号进行编码，在调制器（数字调制或模拟调制）中对中频载波进行调制，经上变频器变换为微波频率f_1的射频信号，再经功率放大器和天线发向卫星。发送端地球站（A）的信号变换过程如图1-9所示。

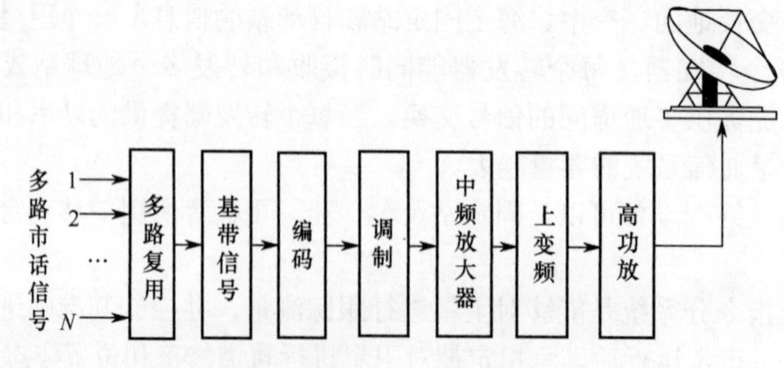

图1-9　发送端地球站（A）的信号变换过程

这一个信号经过大气层和宇宙空间，信号强度将受到很大的衰减，并引入一定的噪声，最后到达卫星。如图 1-10 所示，在卫星转发器中，首先将载波频率 f_1 的上行信号经过带通滤波和低噪声接收机进行放大，然后经过混频、分路、中放和合路、再混频，并变换为载波频率较低的下行频率 f_2 的信号，再经功率放大和带通滤波，最后由天线发向接收端地球站。因此，对于发端地球站来说，具备较好放大性能的高功放放大器是尤其重要的。

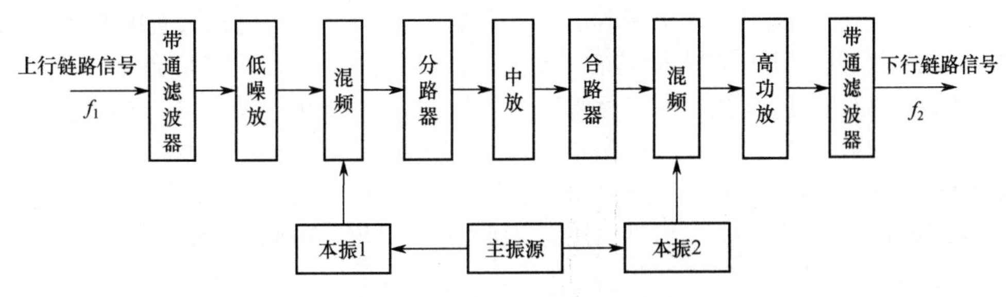

图 1-10　卫星转发器的通信链路

由卫星转发器发向地球站的载波频率 f_2 的信号，同样要经过宇宙空间和大气层，也要受到很大的衰减，最后到达接收端地球站（B）。

由于卫星发射功率小，天线增益较低，所以接收端地球站必须用增益很高的天线和噪声非常低的接收机才能正常接收。接收端地球站（B）的通信链路如图 1-11 所示，接收端地球站（B）对收到的信号 f_2 进行低噪声放大和下变频，再将信号变换为中频信号并进行放大，然后经解调器解调、解码器解码，恢复为基带信号。最后利用多路分解设备进行分路，并经市内通信线路，送到用户终端，这样就完成了单向的通信过程。由于接收信号已经非常微弱，极易淹没在白噪声中，对于接收地球站来说，因此，具备较低噪声的放大器是至关重要的。通常来说，地球站天线通常为双工天线，需要同时具备高功率放大和低噪声放大的性能，天线的品质因数正是用来反映天线的这种综合性能的。

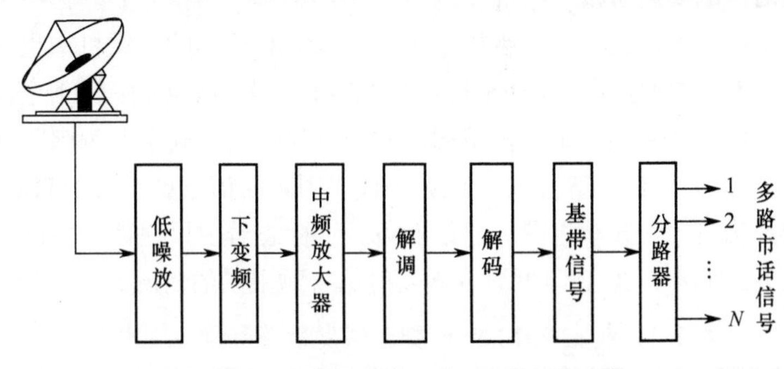

图 1-11　接收端地球站（B）的通信链路

1.4　卫星通信的发展

1.4.1　卫星通信的发展阶段

1945 年 10 月，英国物理学家阿瑟·克拉克（Arthur C. Clarke）提出静止卫星通信的设想。他在英国《无线电世界》杂志发表了题为《地球外的中继——卫星能提供全球范围的无线电覆盖吗？》的文章，详细论述了卫星通信的可行性，为今后全球卫星通信奠定了理论基础。现代卫星通信的发展，证实了克拉克设想的科学性。

综合世界各国卫星通信的发展过程，可以分为以下两个阶段。

（1）卫星通信的试验阶段。

从1954年开始，美国先后利用月球、无源气球卫星、铜针无源偶极子带作为中继站，进行了电话、电视传输等无源卫星通信试验，但事实证明并无很大实用价值。直到1957年，苏联发射了第一颗人造卫星，才使卫星通信进入有源卫星试验阶段。

1958年12月，美国用“阿特拉斯”火箭将一颗140kg的“斯柯尔”低轨道卫星射入椭圆轨道（近地点200km，远地点1700km），星上发射机输出功率8W，频率为150MHz。卫星利用磁带录音，将甲站发出的信息（电话、电报），延迟转发到乙站。1960年10月，美国国防部又将“信使”卫星发射到高度1000km、倾角为28.3°的轨道上，使用2GHz频率，进行了与上述类似的低轨道迟延通信试验。

1962年6月，美国航空航天局用“德尔它”火箭把“电星”卫星送入1060～4500km的椭圆轨道；同年12月又发射了“中继”卫星，进入1270～8300km的椭圆轨道，在美国、欧洲、南美洲之间进行了多次电话、电视、传真数据的传输试验，并对卫星通信的频率、姿态控制、遥测跟踪、通信方式等技术问题进行了试验。

1963年以后，美国开始进行同步卫星通信试验。1963年7月和1964年8月，美国航空航天局先后发射了3颗SYNCOM卫星，第一颗未能进入预定轨道，第二颗进入周期为24h的倾斜轨道，第三颗进入了近似圆形的静止同步轨道，成为世界上第一颗试验性静止通信卫星。利用这颗卫星，美国成功地进行了电话、电视和传真的传输试验，并在1964年秋利用它向美国转播了在日本东京举行的奥林匹克运动会实况。至此，卫星通信的试验阶段基本结束。

（2）卫星通信的实用阶段。

在卫星通信技术发展的同时，承担卫星通信业务和管理的组织机构也逐渐完备，为了建立单一的世界性商业卫星网，1964年8月20日，美国、日本等11个西方国家在美国华盛顿成立了世界性商业卫星临时组织，并于1965年正式定名为国际通信卫星组织（INTELSAT）。该组织在1965年4月把第一代“国际通信卫星”（INTELSAT-I，IS-I）射入了静止同步轨道，正式承担国际通信业务。这标志着卫星通信开始进入实用与发展的新阶段。表1-2列出了2013年世界各国发射第一颗卫星的情况。

表1-2　截止2013年世界各国发射第一颗卫星情况

国家	第一次发射时间/年	第一颗卫星名称	在轨有效载荷/kg
苏联 （俄罗斯）	1957 （1992）	Sputnik1 （Kosmos 2175）	1457
美国	1958	Explorer 1	1110
英国	1962	Ariel 1	30
加拿大	1962	Alouette 1	34
意大利	1964	San Marco 1	22
法国	1965	Asterix	67

（续）

国家	第一次发射时间/年	第一颗卫星名称	在轨有效载荷/kg
澳大利亚	1967	WRESAT	12
德国	1969	Azur	42
日本	1970	Ōsumi	134
中国	1970	东方红 1 号	140
荷兰	1974	ANS	4
西班牙	1974	Intasat	9
印度	1975	Aryabhata	54
印度尼西亚	1976	Palapa A1	12

1.4.2　我国卫星通信的发展

1972 年，我国开始建设第一个卫星通信地球站；1984 年，成功地发射了第一颗试验通信卫星；1985 年，先后建设了北京、拉萨、乌鲁木齐、呼和浩特、广州五个公用网地球站，正式传送中央电视台节目。此后我国又建成了北京、上海、广州国际出口站，开通了约 2.5 万条国际卫星直达线路；建设了以北京为中心，以拉萨、乌鲁木齐、呼和浩特、广州、西安、成都、青岛等为各区域中心的多个地球站，国内线路达 10000 条以上。专用网建设发展非常迅速，人民银行、新华社、交通、石油天然气、经贸、铁道、电力、水利、国家民航局、中国核工业总公司、国家地震局、气象局、云南烟草、深圳股票公司以及国防、公安等部门建立了 20 多个卫星通信网，卫星通信地球站（特别是 VSAT）达万座。

1970 年，“东方红”1 号卫星发射成功，开创了我国利用卫星传送广播电视节目的新纪元。截止 2015 年，中央电视台 4 套、教育台、新疆、西藏、云南、贵州、四川、浙江、山东、湖南、河南、广东、广西、河北等十余个省级台的电视节目和 40 多种语言广播节目已上卫星传送，已有卫星电视地面收转站十万个，电视专收站（TVRO）约 30 万个。很多系统采用了比较先进的数字压缩技术。

卫星移动通信主要解决陆地、海上和空中各类目标相互之间及与地面公用网的通信任务。我国作为 INMARSAT 成员国，北京建有岸站，可为太平洋、印度洋和亚太地区提供通信服务。另外，我国逐步开展机载卫星移动通信服务。石油、地质、新闻、水利、外交、海关、体育、抢险救灾、银行、安全、军事和国防等部门均配备了相应业务终端。现在我国已进入 INMARSAT 的 M 站和 C 站，有近 5000 部机载、船载和陆地终端。

目前我国已经拥有包括甘肃酒泉、四川西昌、山西太原、海南文昌四座现代化卫星发射中心。

“长征”系列运载火箭是我国自行研制的航天运载工具。“长征”火箭从 1965 年开始研制，1970 年“长征”1 号运载火箭首次发射“东方红”1 号卫星成功。目前，“长征”系列火箭有：“长征”1 号、“长征”2 号、“长征”3 号、“长征”4 号、“长征”5 号、“长征”6 号、“长征”7 号和“长征”11 号 8 个系列，退役、现役和在研型号共有 21 个，其中可用于近地轨道发射的有 16 种，可用于中高轨道发射的有 8

种，基本覆盖了各种地球轨道的不同航天器的发射需要。其发射能力分别是：近地轨道25t，太阳同步轨道15t，地球同步转移轨道14t。

“长征”系列火箭（表1-3）除了承接中国的人造卫星发射任务外，也在国际商业卫星发射市场上占有一席之地。随着美国私人宇宙开发商在2010年的陆续兴起，2016年10月19日，民间背景的中国“长征”火箭公司成立，让“长征”系列正式走向企业化，将逐步注入资产引入战略投资者，实现资产证券化，预计2020年在主板上市。“长征”11号运载火箭将成为未来中国商业航天发射的主力军。相较于以往政府营运，平均发射服务成本可望降低超30%、最短履约周期压缩近八成。

表1-3 “长征”运载火箭指标参数

型号	时间/年	火箭推进器级数	长度/m	最大直径/m	发射质量/t	发射推力/kN	有效载荷（低轨）/kg	有效载荷（高轨）/kg
“长征”1号	1970	3	29.86	2.25	81.6	1020	300	
“长征”1号丁	1995	3	28.22	2.25	81.1	1101	930	
“长征”2号	1974	2	31.1	3.35	190	2786	1800	
“长征”2号丙	1975	2	43.72	3.35	245	2962	4000	
“长征”2号丁	1992	2	41.056	3.35	250	2962	4000	
“长征”2号己	1999	2（加4助推器）	58.34	3.35	493	5923	8600	
“长征”3号	1984	3	44.86	3.35	205	2962	5000	
“长征”3A	1994	3	52.52	3.35	241	2962	6000	
“长征”3B	1996	3（加4助推器）	57.126	3.35	459	5923	11500	
“长征”3C	2008	3（加2助推器）	57.126	3.35	345	4442	9100	
“长征”4A	1988	3	41.9	3.35	241	2962	3800	1500（太阳同步轨道）
“长征”4B	1999	3	47.977	3.35	249	2962	4200	2200（太阳同步轨道）
“长征”4C	2007	3	47.977	3.35	249	2962	4200	2800（太阳同步轨道）
“长征”5号	2016	3	62	5	867	N/A	25000	14000（太阳同步轨道）
“长征”6号	2015	3	29	3.35	103			500（太阳同步轨道）
“长征”7号	2016	2	57	3.35	594	7200	13500	7000
“长征”8号	论证中							
“长征”9号	论证中	3（加0到4助推器）	100	10	3000		14000	50000
“长征”11号	2015	4	20.8	~2	58	~25000	700	350（太阳同步轨道）

本章要点

1．微波是指频率为 300MHz～300GHz 的电磁波。

2．微波通信最基本的特点可以概括为：工作频带宽、通信稳定可靠、通信容量大、便于中继通信。

3．对地静止轨道中的卫星相对地球是静止的，因而被称为对地静止。其轨道高度约为 35800km。

4．卫星通信系统是由空间段（通信卫星）、地面段（通信地球站）、跟踪遥测及指令分系统和监控管理分系统这四大部分组成。

5．卫星通信的特点是：覆盖面积大；通信的成本对距离不敏感；通信频带宽，传输容量大，可进行多址通信；信号传输质量高，通信线路稳定可靠；通信链路架设灵活，易于处理突发事件。

6．根据卫星所处轨道高度 H 划分为低轨道（LEO，$H<5000$km）、中轨道（MEO，$5000\text{km}<H<20000\text{km}$）和高轨道（HEO，$H>20000$km）。

7．当太阳穿越赤道时，在一段时间内卫星进入地球的阴影区，这段处于星蚀的时间。在星蚀期间，太阳能电池不能工作，卫星的工作电源必须要由蓄电池供给。

8．卫星位于地球和太阳之间，此时太阳就像一个极大的噪声源，完全淹没了卫星的信号，此效应称为日凌中断。

9．卫星通信链路由发端地球站、上行传播路径、通信卫星转发器、下行传播路径和接收端地球站组成。

10．地球站天线通常为双工天线，需要同时具备高功率放大和低噪声放大的性能，天线的品质因数正是用来反映天线的这种综合性能的。

11．1984 年，“东方红”2 号卫星发射成功，开创了我国利用卫星传送广播电视节目的新纪元。

12．目前，我国已经拥有包括甘肃酒泉、四川西昌、山西太原、海南文昌等四座现代化卫星发射中心。

习　题

1．微波通信有哪些特点？卫星通信有哪些特点？

2．什么是星蚀和日凌中断现象？

3．卫星轨道如何分类？

4．卫星系统是如何组成的？各部分的功能是什么？

5．卫星通信常用哪些频段？

6．卫星通信链路有哪些部分组成？

第2章

通信卫星的发射

本章核心内容

- 开普勒定律
- 宇宙速度
- 静止卫星的发射

通信卫星的发射、运行与控制，首先要清楚卫星发射的基本原理（开普勒定律）与宇宙速度的意义；其次，还将明确发射的过程以及发射窗口的意义。

2.1 开普勒定律

围绕地球旋转的卫星(航天器)遵循着与行星绕太阳运动相同的定律。在很早以前，通过对自然现象的观察，人类已经掌握了很多有关行星运动的知识。根据这些观察，德国人约翰内斯·开普勒（1571—1630 年）推导了描述行星运动规律的三大经验定律，称为开普勒三大定律。开普勒定律普遍适用于宇宙中通过重力相互作用的任意两个物体，两个物体中质量较重的称为“主体”，另一个称为“副体”或者“卫星”。

开普勒三大定律可以简单地概括如下。

（1）开普勒第一定律：卫星围绕主体的运动路线是一个椭圆，而主体的中心和椭圆的一个焦点重合。

（2）开普勒第二定律：相同的时间间隔内，卫星在以其主体为焦点的轨道面内扫过相同的面积，如图 2-1 所示。开普勒第二定律揭示了近地点与远地点卫星的运动速度的变化规律。

（3）开普勒第三定律：轨道周期的平方正比于两个球体之间平均距离的立方，此平均距离等于长半轴 a。

思考题：如何证明椭圆轨道中两个球体的平均距离等于椭圆的长半轴 a?

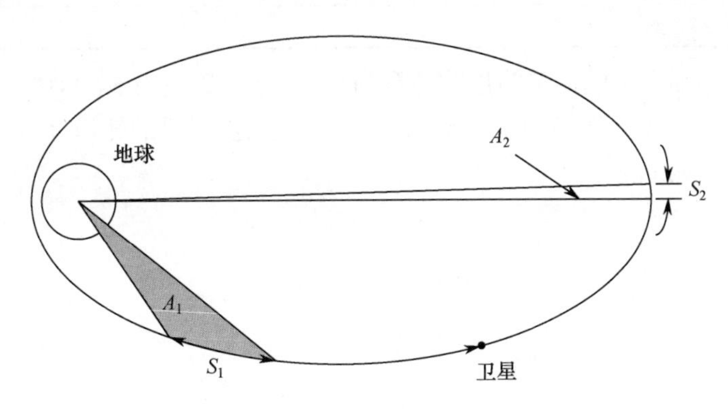

图 2-1　开普勒第二定律

（4）对于围绕地球旋转的人造卫星，开普勒第三定律可以表示为

$$k=\frac{\mu}{4\pi^2}=\frac{GM}{4\pi^2}=\frac{a^3\cdot\omega^2}{4\pi^2}=\frac{a^3}{T^2} \tag{2-1}$$

式中：ω 为卫星平均运动角速度（rad/s）；k 为开普勒常数（依中心天体质量变化）；μ 为地球的地心引力常数；其值是万有引力常数 G（$6.67\times10^{-11}\text{N}\cdot\text{m}^2/\text{kg}^2$）同地球质量 M（$5.965\times10^{24}\text{kg}$）的乘积；$T$ 为轨道的周期。

思考题：你知道万有引力常数是如何测定的吗？并计算开普勒常数的值。

开普勒第三定律的重要性在于，它揭示了在周期和平均距离之间存在一个固定的关系，从而证明了对地静止卫星的轨道高度为一定值。

2.2　宇宙速度

宇宙速度是物体从地球出发，天体在重力场中运动中的 4 个较有代表性的初始速度的统称。航天器按其任务的不同，需要达到这 4 个宇宙速度之一。

（1）第一宇宙速度（又称环绕速度），是指物体能够紧贴地球表面作圆周运动的速度，即卫星环绕地球的最大速度，同时也是人造地球卫星的最小发射速度，其大小为 7.9km/s。第一宇宙速度计算方法：

$$v=\sqrt{gR} \tag{2-2}$$

式中：g 为地球表面的重力加速度；R 为地球半径。

（2）第二宇宙速度（又称脱离速度），是指物体完全摆脱地球引力束缚，飞离地球所需要的最小初始速度，其大小为 11.2km/s。假设无限远处速度为 0，即无限远处无其他吸引力，则第二宇宙速度计算方法：

$$\int_R^{+\infty}\frac{GMm}{r^2}\mathrm{d}r=\frac{1}{2}mv^2 \tag{2-3}$$

思考题：已知土星的质量为地球质量的 95.15 倍，质量为 5.69×10^{26}kg，土星半径为 6×10^{7}m，土星自转周期为 10h39min，试求土星同步卫星的轨道高度。万有引力常数 $G=6.67\times10^{-11}\text{N}\cdot\text{m/kg}^2$。

（3）第三宇宙速度（又称逃逸速度），是指在地球上发射的物体摆脱太阳引力束缚，飞出太阳系所需的最小初始速度，其大小约为 16.7km/s。

思考题：已知太阳的质量约为 1.989×10^{30}kg，地球的质量为 5.965×10^{24}kg，日地间的平均距离为 1.5×10^{11}m，地球半径约为 6371km，地球环绕太阳的平均速度为 29.8km/s，如何计算得到第三宇宙速度？

提　示：若想脱离太阳的引力束缚，首先要离开地球的束缚，再逃离太阳的束缚。

（4）第四宇宙速度，是指在地球上发射的物体摆脱银河系引力束缚，飞出银河系所需的最小初始速度。由于人们尚未知道银河系的准确大小与质量，因此只能粗略估算，其大小为 110～120km/s。而实际上，目前没有航天器能够达到这个速度。

环绕速度和逃逸速度也可应用于其他天体。例如，计算火星的环绕速度和逃逸速度，只需要把公式中的 M、R 和 g 换成火星的质量、半径、表面重力加速度即可。

2.3　近地点与远地点

在卫星通信轨道与发射中，经常要提到近地点与远地点两个术语。近地点是指卫星轨道上离地球最近的点，而远地点是指卫星轨道上离地球最远的点（表 2-1）。近地点和远地点的距离可以根据椭圆的几何关系求得，即

$$d = a(1 \pm e) \tag{2-4}$$

式中：计算近地点的距离时取“-”；计算远地点的距离时取“+”。

表 2-1　不同类型轨道的近地点与远地点参数

轨道类型	近地点/km	远地点/km	发射速度/（km/s）	轨道周期	近地点速度/（km/s）	远地点速度/（km/s）
近地轨道	200	200	7.78	90min	7.7	7.7
低轨	200	1000	8			
中轨	200	10000	9.2			
高轨	200	35786	10.2			
月球轨道	200	380000	10.8			
地球同步轨道	35786	35786		≈24h	3.1	3.1
星际轨道	200	∞	11			
极轨道	832	832		102min	7.4	7.4
Moniya 轨道（闪电轨道）	500	39900		12h	10	1.49
注：空栏表示数值不确定						

2.4　静止卫星的发射

2.4.1　捆绑火箭

卫星进入运行轨道，必须依靠运载火箭。若使卫星绕地球运转，卫星的初始速度必须大于第一宇宙速度 7.9km/s。但单级火箭的速度只能达到 2.5km/s，因此，发射静止卫星必须采用带有捆绑技术的三级捆绑火箭。捆绑技术是把几支小火箭绑在大火箭的第一级上，用于提高发射的飞行速度，将卫星安装在第三级火箭的前端，如图 2-2 所示。

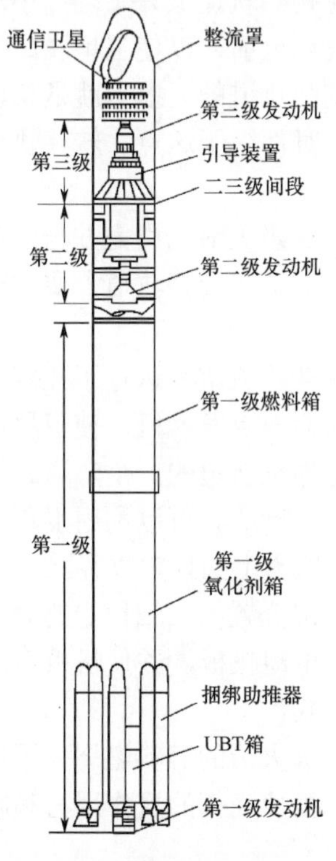

图 2-2　发射卫星的三级火箭示意图

2.4.2　卫星发射花费

据估算，设计制造一颗中型卫星大概需要11亿～15亿元人民币，发射制造中型火箭需要10亿元人民币，并要为其支付大约5亿元人民币左右的保险费用，因此一颗卫星大概花费25亿～30亿元人民币的成本。一颗卫星的寿命大概在12～15年。

2017年，中国航天科技集团公司表示，在低轨道小型火箭发射上每千克发射价格有望降低至3万元人民币，地球转移轨道每千克发射价格有望降低至5～7万元人民币，太阳同步轨道每千克发射价格有望降低至3万～4万元人民币。

面对如此大额的花费，各航天大国为了吸引更多商业发射，频频降低运载火箭报价。据外媒报道，Spacex公司的“猎鹰”9号火箭总造价约为3.5亿人民币，如果回收并重复使用一子级火箭则可节省80%的资金，如果二子级火箭也能回收并重复使用则发射成本将降至目前的1%。此外，俄罗斯在运载火箭报价上也具备优势，“质子”号火箭的价格在5亿元人民币以内，而4年前同样的合同价格约为7亿元人民币。

2.4.3　静止卫星的发射过程

一颗自旋稳定的静止卫星的发射过程如图2-3所示，全部过程大体可分为如下几个阶段。

（1）进入初始轨道。开始发射后，依次点燃三级火箭的第一、第二级火箭，把卫星送到初始轨道。初始轨道是一个离地球表面高度为100多千米或几百千米的与赤道平面有预定夹角的倾斜圆形轨道。

（2）进入转移轨道。卫星在初始轨道上只飞行一小段，当卫星快要到达初始轨道与赤道平面的交点时，要点燃第三级火箭，以使卫星脱离初始轨道而进入转移轨道。转移轨道是一个倾斜的椭圆轨道，椭圆轨道的近地点就是初始轨道与赤道平面的交点，即转移轨道、赤道平面和初始轨道同时都交于这点。转移轨道与赤道平面的另一个交点就是转移轨道的远地点。

当卫星进入转移轨道后，第三级火箭已用完并与卫星脱离。同时，还要启动卫星两侧的切向喷嘴使卫星开始自旋。卫星在转移轨道上要运行几圈。在运行中，地面还要对卫星进行姿态控制。

（3）进入漂移轨道。卫星在转移轨道上运行了几圈，完成了上述各项准备工作后，当再次到达远地点时，就要启动远地点发动机，使卫星进入漂移轨道。漂移轨道是位于赤道平面附近的、圆形的、接近静止轨道的一个轨道。卫星在漂移轨道上运行几天，此时卫星离静止卫星目的点位置是很近的。可以利用卫星上的小推进喷嘴进行位置误差修正，以使卫星精确地定点于静止轨道上的预定位置。

（4）进入静止轨道。进入预定位置的三轴稳定的静止卫星，在远地点发动机熄火后要使卫星停止自旋，张开太阳能电池帆板，并使帆板对准太阳，并调整卫星的姿态，使卫星的天线对准地球上的特定区域。

在上述的发射过程中，当各级火箭的燃料燃烧完了以后，就要把该级火箭的壳体扔掉，以减轻下一级火箭的负荷。扔掉壳体的反作用力和减轻负荷都能使卫星得到更大的加速动力，但产生了宇宙垃圾。

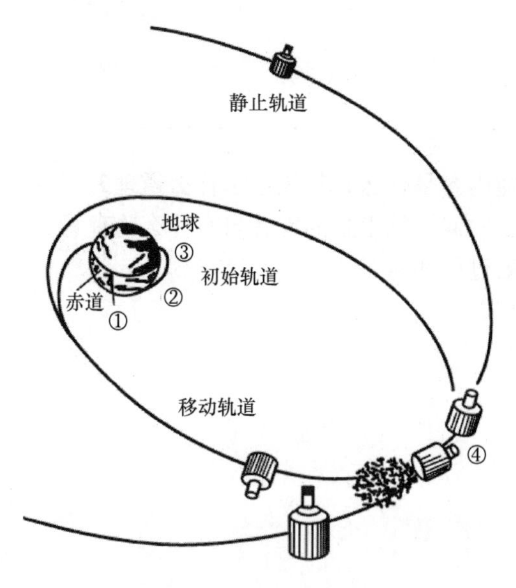

图 2-3　发射卫星的三级火箭示意图

2.4.4　发射窗口

发射静止卫星的时间可以是全年的任何一天。但每天发射的具体时间，要根据发射场的地理位置，发射日期以及太阳、地球和卫星三者的相对位置才能确定最有利的发射时机，这个发射时机又称“发射窗口”。每天一般有两次发射窗口，每次约 30min～2h，发射窗口期间发射的卫星能使卫星上传感器在转移轨道中测量姿态角的误差最小，并能使卫星的温度在允许范围内。

本章要点

1．开普勒三大定律：开普勒第一定律，卫星围绕主体的运动路线是一个椭圆，而主体的中心和椭圆的一个焦点重合；开普勒第二定律，相同的时间间隔内，卫星在以其主体为焦点的轨道面内扫过相同的面积；开普勒第三定律，轨道周期的平方正比于两个球体之间平均距离的立方。

2．第一宇宙速度（又称环绕速度），是指物体能够紧贴地球表面作圆周运动的速度，即卫星环绕地球的最大速度，同时也是人造地球卫星的最小发射速度，其大小为 7.9km/s。要使卫星绕地球运转，必须使卫星的初始速度大于第一宇宙速度。

3．第二宇宙速度（又称脱离速度），是指物体完全摆脱地球引力束缚，飞离地球所需要的最小初始速度，其大小为 11.2km/s。

4．静止卫星的发射过程大体可分为如下阶段：进入初始轨道；进入转移轨道；进入漂移轨道；进入静止轨道。

5．每天一般有两次发射窗口，每次 30min～2h，发射窗口期间发射的卫星，能使卫星上传感器在转移轨道中测量姿态角的误差最小，并能使卫星的温度在允许范围内。

习 题

1．开普勒三大定律内容是什么？都揭示了什么道理？

2．三大宇宙速度是如何计算出来的？各自有什么物理意义？

3．静止卫星的发射过程如何？

4．什么是发射窗口？

第3章

卫星通信地面段的系统组成

本章核心内容

- 地球站的分类
- 地球站的组成
- 站的性能指标

卫星通信系统的地面段由卫星通信发送地球站、卫星通信接收地球站以及商用和军用的陆地、航海及航空移动站组成。为卫星运行提供保障功能的地球站，如提供测控、跟踪和指令功能的地面设备，是空间段的一部分，将在第 4 章中介绍。

本章将对卫星通信地球站的组成、地球站性能指标以及地球站天线分系统进行介绍。

3.1 地球站的分类

地球站的分类方法有很多种，可以按照安装方式、传输信号的特征、天线口径尺寸及设备的规模、地球站用途以及业务性质进行分类，通常可以分为以下几种类型。

（1）按地球站安装方式分类：固定地球站（建成后站址不变）；移动地球站（包括车载站、船载站、机载站、手持站等）；可搬运地球站（在短时间内能拆卸转移）。

（2）按传输信号的特征分类：模拟站（模拟电话通信站、电视广播接收站等）；数字站（数字电话通信站、数据通信站等）。

（3）按天线尺寸及设备规模分类：大型站（12～30m，品质因数 G/T 值大，通信容量大，昂贵）；中型站（7～10m）；小型站（3.5～5.5m）；微型站（1～3m，G/T 值小，容量小，轻便灵活，便宜）。

（4）按用途分类：军用、民用、广播（包括电视接收站）、航空、航海及实验站等。

（5）按业务性质分类：遥测遥控跟踪地球站（遥测通信卫星的工作参数，控制卫星的位置和姿态）；通信参数测量地球站（监视转发器及地球站通信系统的工作参数）；通信业务地球站（进行电话、电报、数据、电视及传真等通信业务）。

国际上通常根据地球站天线口径尺寸及品质因数 G/T 值大小将地球站分为 A、B、

C、D、E、F、G、Z 等类型。A、B、C 称为大型站，用于国际通信。E 和 F 又分为 E-1、E-2、E-3 和 F-1、F-2、F-3 等类型，主要用于国内及各企业间的话音、传真、电子邮件和电视会议等业务。其中，E-2、E-3 和 F-2、F-3 称为中型站，用于为大城市和大企业间提供通信业务。D-1、E-1 和 F-1 称为小型站，其业务容量较小。表 3-1 中给出了各类地球站的天线尺寸、性能指标和业务类型。

表 3-1　各类地球站的天线尺寸、性能指标及业务类型

类型	地球站标准	天线直径/m	最小 G/T 值/（dB/K）	业务	频段/GHz
大型站	A	15～18	35.0	电话、数据、TV	6/4
	C	12～14	37.0		14/11
	B	11～13	31.7		6/4
中型站	F-3	9～10	29.0	电话、数据、TV	6/4
	E-3	8～10	34.0		14/11
	F-2	7～8	27.0		6/4
	E-2	5～7	29.0		14/11
小型站	F-1	4.5～5	22.7	TV	6/4
	E-1	3.5	25.0		14/11
	D-1	4.5～5.5	22.7		6/4
VSAT*	G	0.6～2.4	5.5	INTELNET	6/4；14/11
国内	Z	0.6～32	5.5～16	国内	6/4；14/11

* VSAT 为甚小口径终端，全称为 Very Small Aperature Terminal

由于卫星星上发射功率的增加，A 类地球站由原来的天线口径 30～32m、G/T 值 40.7dB/K 分别降为天线口径 15～18m、G/T 值 35.0dB/K；C 类地球站由原来的天线口径 15～18m、G/T 值 39dB/K 分别降为天线口径 12～14m、G/T 值 37.0dB/K。

3.2　地球站的系统组成及工作原理

地球站负责将来自地面网络的信息发送到卫星，并接收来自卫星的信息，与相应的地面网络用户进行信息传输。完成通信业务的地球站一般主要由地面网络接口、基带设备、编/译码器、调制解调器、上/下变频器、高功率放大器、低噪声放大器和天线组成。图 3-1 给出了卫星通信地球站的基本功能框图。

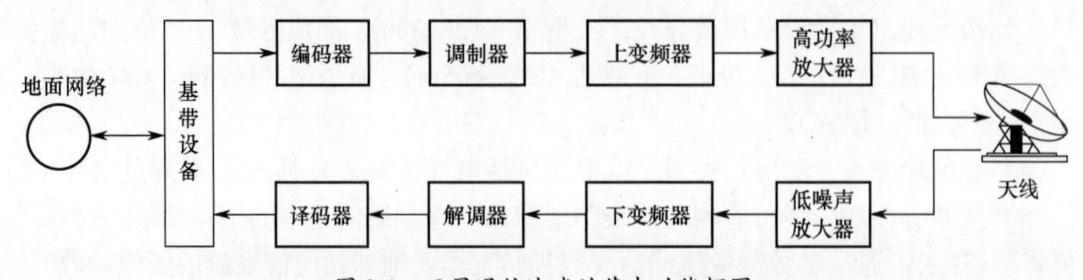

图 3-1　卫星通信地球站基本功能框图

在地球站的发送端，来自地面网络或在某些应用中直接来自用户的业务包括电话、

电视、传真、电报、数据等。信号经过电缆、光缆或微波中继等地面通信线路汇聚到地球站，在用户接口分系统中进行初步处理后，经过基带处理器变换成所规定的基带信号，并通过编码器加入纠错编码，使其适合于在卫星线路上传输。然后，经过调制器，将基带信号调制到70MHz或140MHz的中频载波上。在上变频器中，来自调制器的已调中频载波被转换为适于卫星信道传输的上行射频载波信号。通过高功率放大器将上行射频载波信号放大到适当电平，由天线发送到卫星上。

在地球站的接收端，天线接收到电平很低的卫星下行射频载波信号。首先经过低噪声放大器放大后，由下变频器将下行射频载波信号变换为中频信号；然后将中频信号再次放大后送到解调器，经过解调和译码后，恢复出基带信息，由基带设备处理后传送到地面网络。

地球站的设备基本上可以分为两类：①射频终端设备，由上变频器（UC）、下变频器（DC）、高功率放大器（HPA）、低噪声放大器（LNA）和天线等组成；②基带终端设备，由基带设备、编码器和译码器、调制器和解调器组成。射频终端设备和基带终端设备一般不放在一起，而是采用中频电缆线连接。

标准的卫星通信地球站一般由天线分系统、发射分系统、接收分系统、接口及终端设备分系统、通信控制分系统、电源分系统组成，如图 3-2 所示。

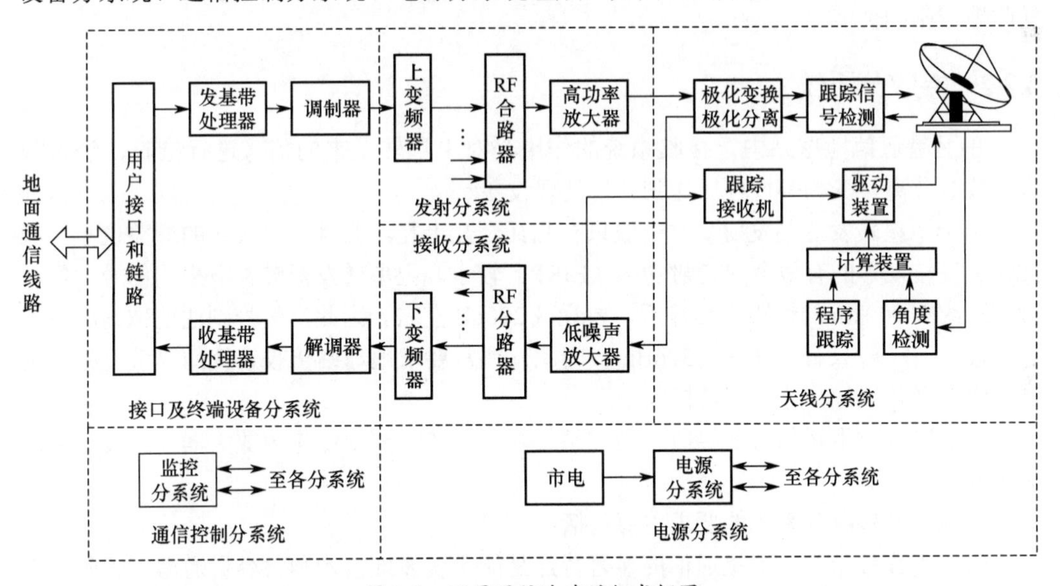

图 3-2　卫星通信地球站组成框图

3.2.1　发射分系统

由于发射卫星条件的限制，卫星转发器天线的口径和增益不能太大。因此，既要求地球站发射机分系统发射信号功率大，又要求保证卫星通信系统的信号质量。

在标准的地球站中，要向卫星发射几百瓦甚至十几千瓦的大功率微波信号，有时一个地球站还要同时发射多个载波，这都要由地球站发射分系统完成。

地球站高功率发射系统一般由上变频器、载波合成器（RF 合路器）、高功率放大器和自动功率控制电路组成，另外还需要相应的器件保护电路和冷却装置。上变频器将中频信号变换到射频频段，并高保真地将一个或多个已调射频信号放大到所要求的功率。

对发射分系统的要求如下：

（1）输出功率高、增益大。

（2）工作频带宽，从而保证通信容量以及发射多个载波所需的带宽。

（3）射频的稳定度高。传输多路信息时，一般要求射频频率的误差应在规定值的±150Hz 以内。这个误差值相对于射频频率来讲是很低的，相对精度为 10^{-8}～10^{-7} 数量级上。对于这样的频率稳定度，如果只采用一般的晶体稳定振荡器是达不到要求的，因此必须采用性能较好的锁相环路来实现，如图 3-3 所示。

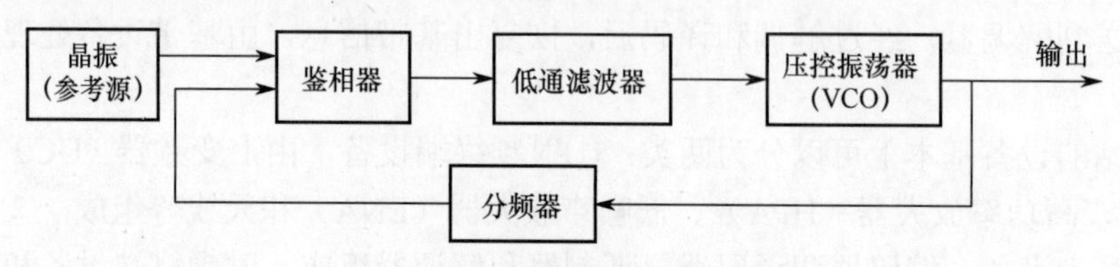

图 3-3 晶振倍频锁相环路示意图

（4）放大器线性好。

（5）增益稳定，对发射地球站的辐射功率要求保持在额定值的±0.5dB 以内，以保证接收地球站的性能。

3.2.2 接收分系统

在卫星通信地球站中，接收系统的作用是对卫星转发来的信号进行接收，经过放大、载波分离、变频等过程后送到基带处理设备。

由于卫星转发器的发射功率一般只有几瓦至几十瓦，并且卫星天线的增益也小。因此，卫星转发器的有效全向辐射功率（EIRP）较小。卫星转发器转发下来的信号，经下行线路约 40000km 的远距离传输后，要衰减 200dB 左右。因此，信号到达地球站时变得极其微弱，一般只有-140～-130dBm。因此，通常要求地球站接收系统的灵敏度必须很高，噪声必须很低，才能正常接收。

为了完成对卫星信号的接收，地球站接收分系统主要由低噪声放大器、载波分离器和下变频器组成。

对地球站接收分系统的要求主要包括：

（1）工作频带宽。卫星通信的显著特点是能实现多址接入和大容量通信，因此，地球站接收系统的工作频带要宽，低噪声放大器必须具有 500MHz 以上的带宽。

（2）噪声温度低。为了保证地球站满足所要求的 G/T 值，必须采用低噪声放大器，接收机的噪声温度应控制在 20K 以下。

（3）其他要求。为了满足卫星通信系统的通信质量，还要求低噪声放大器增益稳定、相位稳定、带内频率特性平坦以及交调干扰要小等。

3.2.3 天线分系统

地球站的天线是卫星通信中最具特色的设备，是一个庞大的系统。当卫星通信用 C 频段或 Ku 频段时，根据地球站天线的口径大小可划分为大、中、小三种站型。大型站天线口径为 15～33m，中型站天线口径为 7～15m，小型站天线口径为 3～7m，还有微小卫星通信系统（如 VSAT）的天线口径为 0.6～3m。

一般来说，卫星地球站的天线尺寸不受地理位置限制，设置的要求只是能使其得到较高的增益和较宽的频带。因此，卫星通信地球站天线通常采用发射面式天线，如抛物面天线等。目前，绝大多数地球站均采用的是修正型的卡塞格伦天线。

卡塞格伦（Cassegrain）天线是双反射面天线的一种，如图 3-4 所示。卡塞格伦天线由一个喇叭天线（馈源喇叭）和两个反射面（主反射面和副反射面）组成。主反射面是一个旋转抛物面，副反射面为一旋转双曲面，双曲面为一段双曲线绕轴旋转 180°所形成。

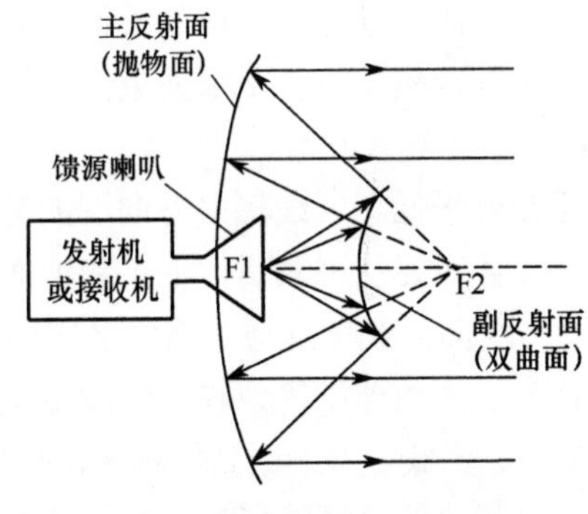

图 3-4　卡塞格伦天线示意图

卡塞格伦天线的特点主要包括：

（1）共焦点。馈源喇叭置于旋转双曲面的实焦点 F1 上，旋转抛物面的焦点和旋转双曲面的虚焦点 F2 重合。

（2）平行发射。从馈源喇叭辐射出来的自由电磁波在旋转双曲面上被反射到旋转抛物面上，在抛物面上再次被反射，由于双曲面的焦点和抛物面的焦点重合，因此，经主反射面和副反射面两次反射后，便以平行于抛物面的方向辐射到空中，形成定向辐射。

（3）同时到达。经过两次反射的馈源信号到达波前面的时间一致，即从馈源发射的不同方向的电磁波，到达抛物面前与轴垂直位置的距离一致。

思考题：如何用几何的方法证明卡塞格伦天线同时到达的特点。

在经典的卡塞格伦天线中，由于副反射面的存在阻挡了相当一部分能量，使得天线效率降低，能量分布不均匀。修正型卡塞格伦天线通过天线镜面修正以后，天线效率提高到 0.7～0.75，而且能量分布均匀。

卡塞格伦天线的特点是天线效率高，噪声温度低，馈源和低噪声放大器可以安装在主反射面后方的射频箱里，这样就可以减小馈线损耗带来的不利影响。

卫星通信地球站的天线分系统包括天线、馈线和伺服跟踪设备。

地球站天线的建造费用很高，约占整个地球站的 1/3。一般情况下，地球站的天线分系统都是收发共用一副天线，因此，地球站的天线分系统必须满足下列几个基本条件。

（1）工作频率范围宽。一颗通信卫星通常都是由多个转发器组成，每个转发器约有几十兆赫的带宽，这样，一颗通信卫星的总带宽约有几百兆赫，这就要求地球站的天线分系统必须具有相应的带宽和频带范围。通常要求标准地球站具有 500MHz 以上的带宽，在该带宽内，应满足高增益、低噪声和匹配良好等要求。

（2）天线增益高。天线增益是决定地球站性能的关键参数，天线一定要具有高的定向增益，也就是必须将信号的能量聚焦成为一个窄波束，为接收来自卫星天线或发向卫星天线的信号提供足够的上行和下行载波功率。

（3）天线波束宽度窄、旁瓣电平低。天线辐射方向图的旁瓣电平必须很低，以减小来自其他方向信号源的干扰，而且还要使进入其他卫星和地面系统的干扰达到最小，可以保证卫星通信系统之间以及与地面微波中继通信系统之间的协调一致工作。

（4）天线的噪声温度低。为了使地球站等效噪声温度尽量低，减小下行载波带宽内的噪声功率，天线的噪声温度一定要低。为了达到低噪声，必须控制天线的辐射方向性，确保它只接收卫星信号，使来自其他信号源的能量最小。此外，天线的电阻损耗以及将低噪声放大器与天线馈线连接的波导损耗也应该尽可能小，因为它们都会影响天线系统的噪声温度。天线仰角为 5°时，天线等效噪声温度一般应为 50K 左右；在仰角为 90°时，天线等效噪声温度应约为 25K。

（5）馈线系统损耗小。馈线系统应具有损耗小、频带宽、匹配好、收发通道之间的隔离度大的特点，对于发射通道还要求能够耐受发射机最大的输出功率。

（6）天线的机械结构稳定、灵活且精度高。由于天线主体结构庞大，为了确保天线在恶劣的天气条件下仍能准确地指向卫星，天线的主体结构应具有很强的刚性和抗毁能力。通常，天线指向精度在其波束宽度的 1/10 之内，以天线直径为 27.5m 的天线为例，其波束宽度约为 0.2°，则天线的指向误差不能超过 0.02°，故对机械精度要求是比较高的。地球站天线的仰角和方向角，按一般规定以静止卫星方向为中心，天线可旋转范围应大于 10°。为了保护天线，特别是在暴风天气情况下，应将其锁定于天顶位置。

3.2.4 其他分系统

1. 接口及终端设备分系统

接口及终端设备分系统是地球站与地面传输链路的接口。在公用网中，接口及终端设备分系统的任务就是对地面线路到达地球站的各种基带信号进行变换，转换成适合于卫星信道传输的基带信号，发送给发射分系统，同时要对来自接收分系统的信号进行解调，并变换成地面线路传输的基带信号。

2. 通信控制分系统

为了保证地球站内各部分设备的正常工作，需要由通信控制分系统在地球站内进行集中监视、控制和测试。监控设备的功能就是监视系统内各种设备的工作状态，发生故障时能够在中心控制台显示告警及指示信息。控制设备能对地球站内各主要设备进行遥测遥控，包括主、备用设备的转换。测试设备包括各种测试仪表，用来指示各部分的工作状态，必要时可以在地球站内进行环路测试。

3. 电源分系统

地球站电源分系统要供应地球站内全部设备所需电能，电源分系统的性能会影响卫星通信的质量及地球站设备的可靠性。地球站电源要求不应低于一般地面通信枢纽的供电要求，除了应具有几路外线或市电供电外，通常应设有应急电源和交流不间断电源两种电源设备。

地球站供电线路一般要求采用专线供电，以避免由于供电电压的波动和不稳定所带来的杂散干扰。可以采用将地球站负载分为大干扰和小干扰两种供电方式，并采用相应的独立变压器以及各自的配电系统进行供电，以达到稳压和滤除杂散干扰的目的。同时，还要注意三相电源各相负载的均衡性，以使零线电流保持最小或平衡状态。另外，为了确保电源设备的安全以及减少噪声、交流声的来源，所有电源设备都应具有良好的接地特性。

3.3　地球站的性能指标

为了便于维护现有地球站和新建地球站，国际通信卫星组织规定了标准地球站的性能指标。该规定强调地球站应该具有高灵敏度的接收系统，并且规定了使用该组织卫星的地球站应具备的最低性能要求。

1. 地球站的品质因数

地球站的品质因数是指地球站天线的接收增益 G 与地球站接收系统的等效噪声温度 T 的比值 G/T（dB/K）。地球站的品质因数是表征地球站对发射信号放大能力，以及对微弱信号接收能力的综合指标。国际通信卫星组织（INTELSAT）对各类地球站品质因数的规定如表 3-2 所列。

表 3-2　INTELSAT 对地球站品质因数的规定

地球站类型	品质因数标准/（dB/K）	地球站类型	品质因数标准/（dB/K）
A 型站	$\geqslant 35.0+20\lg(f/4)$	E-2 型站	$\geqslant 29.0+20\lg(f/11)$
B 型站	$\geqslant 31.7+20\lg(f/4)$	E-3 型站	$\geqslant 34.0+20\lg(f/11)$
C 型站	$\geqslant 37.0+20\lg(f/11.2)$	F-1 型站	$\geqslant 22.7+20\lg(f/4)$
D-1 型站	$\geqslant 22.7+20\lg(f/4)$	F-2 型站	$\geqslant 27.0+20\lg(f/4)$
D-2 型站	$\geqslant 31.7+20\lg(f/4)$	F-3 型站	$\geqslant 29.0+20\lg(f/4)$
E-1 型站	$\geqslant 25.0+20\lg(f/11)$		

表 3-2 中，f 为接收信号频率，单位为 GHz。对于 G 型地球站和 Z 型地球站没有规定具体的 G/T 值。

2. 有效全向辐射功率（EIRP）的稳定度

地球站的发射机功率与天线增益的乘积称为有效全向辐射功率，该值代表着天线对外辐射的总功率。EIRP 值应该保持在规定值的±0.5dB 以内。为了减少频分多址情况下的互调干扰，卫星转发器的行波管放大器都是工作在输入补偿状态。因此，地球站的 EIRP 值的大幅度变动将会严重增加互调干扰。

3. 载波频率的精确度

在传输语音信号时，地球站发射载波的精确度应保持在±150kHz 以内；在传输视频信号时，地球站发射载波的精确度应保持在±250kHz 以内。

4. 干扰波辐射

由于过大的辐射将对其他载波产生严重的干扰，因此，地球站由于互调产物所产生的干扰波辐射应控制在 23dBW/4kHz 以下，带外的总有效全向辐射功率应小于 4dBW/4kHz。

5. 射频能量扩散

在传输电话信号时，要求轻负荷时的能量密度与最大负荷时的能量密度比不超过 2dB。

6. 发射系统的幅度特性

地球站发射系统要有良好的幅度特性，以减小卫星转发器互调干扰的影响。

本章要点

1．标准的卫星通信地球站一般由天线分系统、发射分系统、接收分系统、接口及终端设备分系统、通信控制分系统、地球站电源分系统六部分组成。

2．地球站高功率发射系统一般由上变频器、载波合成器、高功率放大器和自动功率控制电路组成。

3．地球站天线的口径大小可划分为大、中、小三种站型。大型站天线口径为 15～33m，中型站天线口径为 7～15m，小型站天线口径为 3～7m，微小卫星通信系统（VSAT）的天线口径为 0.6～3m。

4．卫星通信地球站的天线分系统包括天线、馈线和伺服跟踪设备。

5．地球站的天线分系统必需具备的基本条件：工作频率范围宽；天线增益高；天线波束宽度窄、旁瓣电平低；天线的噪声温度低；馈线系统损耗小；天线的机械结构稳定、灵活且精度高。

6．目前，绝大多数地球站均采用的是修正型的卡塞格伦天线。

7．为了保护天线，特别是在暴风天气情况下，应将其锁定于天顶位置。

习　题

1．标准的卫星通信地球站是由几部分组成？其具体结构如何？

2．对发射分系统和接收分系统的基本要求是什么？

3．卡塞格伦天线的原理是什么？它有哪些特点？
4．卫星地球站的天线分系统包括哪些部分？
5．什么是地球站的品质因数（G/T）？品质因数有怎样的意义？
6．什么是发射天线的有效全向辐射功率（EIRP）？
7．什么是交调干扰？
8．热噪声是怎样定义的？如何计算？
9．中频连接线由哪些部分组成？

第 4 章

卫星通信空间段的系统组成

本章核心内容

- 空间段的系统组成
- 通信卫星的天线分系统
- 通信卫星的信号转发

4.1 空间段的系统组成及工作原理

通信卫星由空间平台和有效载荷两部分组成。空间平台又称卫星公用舱，不仅包括承载有效载荷的舱体，还包括用来维持有效载荷在空中正常工作的保障系统。有效载荷是指用于提供业务的设备，对于通信卫星有效载荷主要包括天线分系统和通信转发器。

图 4-1 给出了通信卫星的系统功能组成关系图。

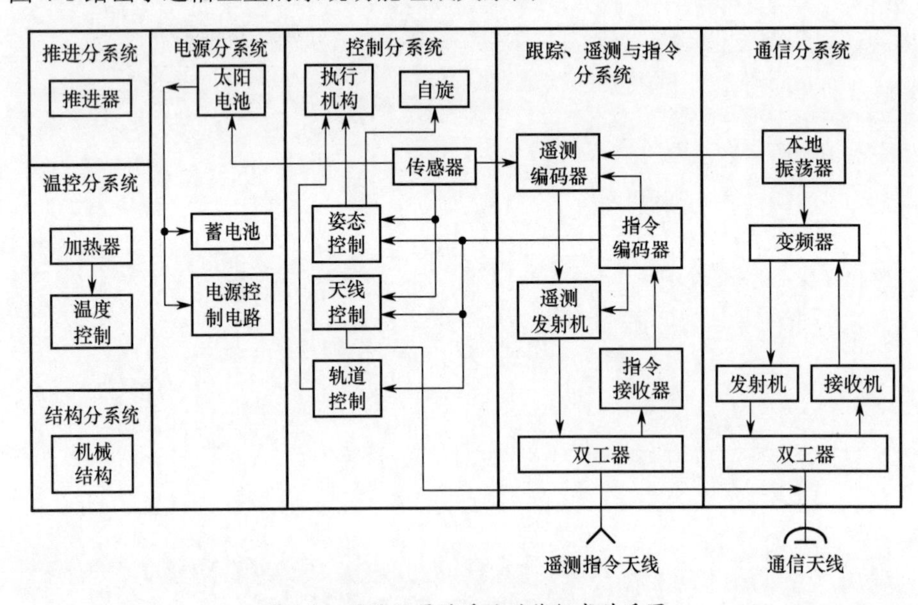

图 4-1　通信卫星的系统功能组成关系图

通信卫星由以下几个分系统构成：

（1）通信分系统。

通信分系统分为转发器和卫星天线两大部分，在后面的小节中会对这两部分进行详细分析。

（2）控制分系统。

控制分系统由各种可控的调整装置组成，如各种喷气推进器、各种驱动装置和各种转换开关等。在地面遥控指令站的指令控制下，控制分系统能够完成远地点发动机点火控制，以及对卫星的姿态、轨道位置、各分系统的工作状态和主备份设备切换等控制和调整。控制分系统是一个执行机构，即执行遥测和各分系统指令的机构。

这一部分包括位置保持和姿态控制两种控制设备。位置保持设备用来消除摄动的影响，以便于卫星与地球的相对位置保持固定，通常位置保持设备利用装在星体上的气体喷射推进装置，根据地面控制站的指令进行工作。姿态控制设备用来保证卫星对地球或其他基准物保持正确的姿态，对于对地静止卫星，主要是保证天线波束始终对准地球和使太阳能电池帆板对准太阳。

（3）跟踪、遥测与指令分系统。

作为卫星通信系统的重要组成部分，跟踪、遥测与指令分系统负责执行卫星跟踪、卫星状态监测和卫星控制的功能，该系统非常复杂，所以除了星载的分系统外，还需要地面测控站的卫星测控系统配合其工作。

跟踪部分用于地球站跟踪卫星，是通过让卫星发射信标信号（信标信号可以由卫星产生，也可以由某个地球站发射，经过卫星转发来实现），由地球站接收来实现的。在卫星发射的转移和漂移轨道阶段，跟踪是非常重要的。当卫星定位后，由于各种摄动力的影响，对地静止卫星的位置可能发生漂移，因此，还需要跟踪卫星的移动并且在需要时发送纠正信号。跟踪信标可以在遥测信道中发送，或者通过一条主通信信道频率上的导频载波来发送，或者通过专用的跟踪天线来发送。

遥测部分用于监测卫星各部分的工作状态，通过各种传感器和敏感元件等器件不断地测得卫星的姿态信息（如从太阳和地球传感器得到的信息）、环境信息（如磁场强度和方向，陨石撞击的频率等信息）以及航天器信息（如温度、供电电压及存储燃料的信息）等，这些状态信息被转换成电信号，再通过放大、采集、编码及调制后发回地面的控制中心。当卫星处于发射的转移和漂移轨道阶段时，遥测发射机与全向天线一起构成一条专用信道，即通过全向天线向地面发回足够的功率，将遥测发射机连接到通信中继器上一个指定的功率放大器上。卫星正常运行时，遥测发射机通过有向的通信天线，使用其中一个正常的通信转发器发送遥测数据，只有当出现某些紧急情况时，才切换回转移轨道阶段使用的专用信道。

指令部分用于接收地面站发给卫星的指令，经过解调、译码和存储后，产生一个检验信号发回地面校对，待收到执行信号确认无误后，将存储的指令信号送到控制分系统的执行设备，实现姿态改变、打开或关闭通信转发器、天线重新指向及位置保持机动等控制动作。为了保护卫星不接收和不解码非法指令，指令信号都是经过加密处理的。在转移和漂移轨道阶段，指令部分使用全向天线接收指令和定位信号。当卫星正常运行时，指令部分使用通信天线接收指令和定位信号，并将全向天线作为备份。为了保证可靠运行，指令接收机、遥测发射机和编码器等全部配有备份设备。

（4）电源分系统。

通信卫星对电源的主要要求是体积小、质量小、效率高以及安全可靠，并要求电源能在长时间内保持足够的输出。通信卫星使用的电源有太阳能电池、化学电池和核能电池等。目前，仍以太阳能电池和化学电池为主。

（5）温控分系统。

在外层空间中，卫星的一面直接受到太阳辐射，而另一面则对着寒冷的太空，两面的温度差别非常大，需要承受很大的温度梯度。同时，尽管来自地球和地球对太阳反射引起的热辐射对地球同步轨道卫星的影响可以忽略，但其对于轨道高度低的卫星的影响却非常明显。此外，卫星上的设备也会产生热量，而这些热量必需要散发出去。与星体稳定的卫星相比，自旋稳定卫星的一个优点就是自旋星体平均了经历太阳照射和深空冷背景的极端温度。

卫星上的设备应该工作在尽可能稳定的温度环境中，温控分系统的作用就是控制卫星各个部分的温度，保证星上各种仪器设备正常工作。通常卫星上的温度控制可以分为消极温度控制和积极温度控制两种形式。消极温控是指用涂层、绝热和吸热等方法来传导热量，它的传热方式主要是传导和辐射。积极温控是指用自动控制器来对卫星所处工作环境进行传热平衡，例如用双金属弹簧引力的变化来开关隔栅，以及利用热敏元件来开关加热器和散热器，以便控制卫星内部的温度变化，使舱内仪器设备的温度保持在-20℃～+40℃范围内。

4.2 通信卫星的天线分系统

4.2.1 通信卫星天线分类

天线分系统的功能是定向发射与接收无线电信号，星载天线承担了接收上行链路信号和发射下行链路信号的双重任务。由于卫星发射和卫星在轨运行等条件的限制，星载天线要求具有体积小、质量轻、馈电方便以及便于折叠和展开的特点。从功能上分，卫星上有两种类型的星载天线。

（1）遥测、遥控和信标用高频或甚高频天线，一般为全向天线，以便能够可靠地接收指令以及向地面发送信标和遥测数据。常用的天线形式有鞭状、螺旋形、绕杆式和套筒偶极子天线等。

（2）通信用的微波定向天线，按照天线波束覆盖区的大小，可以分为全球波束天线、点波束天线和区域波束天线，如图 4-2 所示。

定向波束通常是由反射面类型的天线来产生的，其中最常用的是抛物面天线，抛物面天线相对于全向天线的增益为

$$G=\eta(\frac{\pi D}{\lambda})^2 \tag{4-1}$$

式中：λ 为工作信号的波长；D 为反射面的直径；η 为天线效率，其典型值为 0.55。

抛物面天线的-3dB 波束宽度（半功率波束宽度）为

$$\theta_{-3\mathrm{dB}} \approx 70\frac{\lambda}{D} \tag{4-2}$$

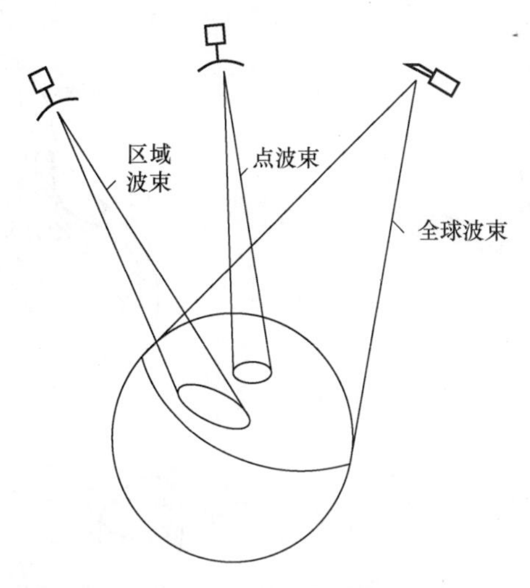

图 4-2　全球波束、点波束和区域波束示意图

由上述公式可以看到，天线增益正比于（D/λ）^{2}，而波束宽度反比于 D/λ。因此，通过增加反射面的尺寸或者降低波长，就能提高天线增益和缩小波束宽度。

对应于不同的应用需求，卫星星载天线的特点如下。

（1）全球波束天线。对地静止卫星中，天线的−3dB 波束宽度约为 17°～18°，天线增益为 15～18dB，一般由圆锥喇叭加上 45°的反射板构成，如图 4-3 所示。

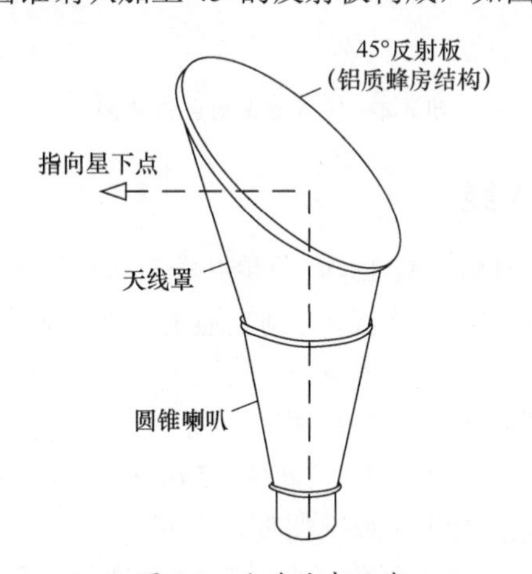

图 4-3　全球波束天线

（2）点波束天线。覆盖区面积小，一般为圆形。由于波束比全球波束窄很多，只有几度或者更小，因而具有较高的增益，能把辐射的能量集中于比全球波束小很多的区域内。

（3）区域波束天线。又称为赋形天线（Shaped-beam），主要用于覆盖不规则的区域，可以通过修改天线反射器的形状来实现；或是利用多个馈源从不同方向、不同排列来照射反射器，由反射器产生多个波束的组合形状来实现。波束截面的形状除了与各馈源的位置、排列和照射方向有关外，还与各馈源的电波功率、相位等有关，这些可以利用波束形成网络来实现，如图 4-4 所示。

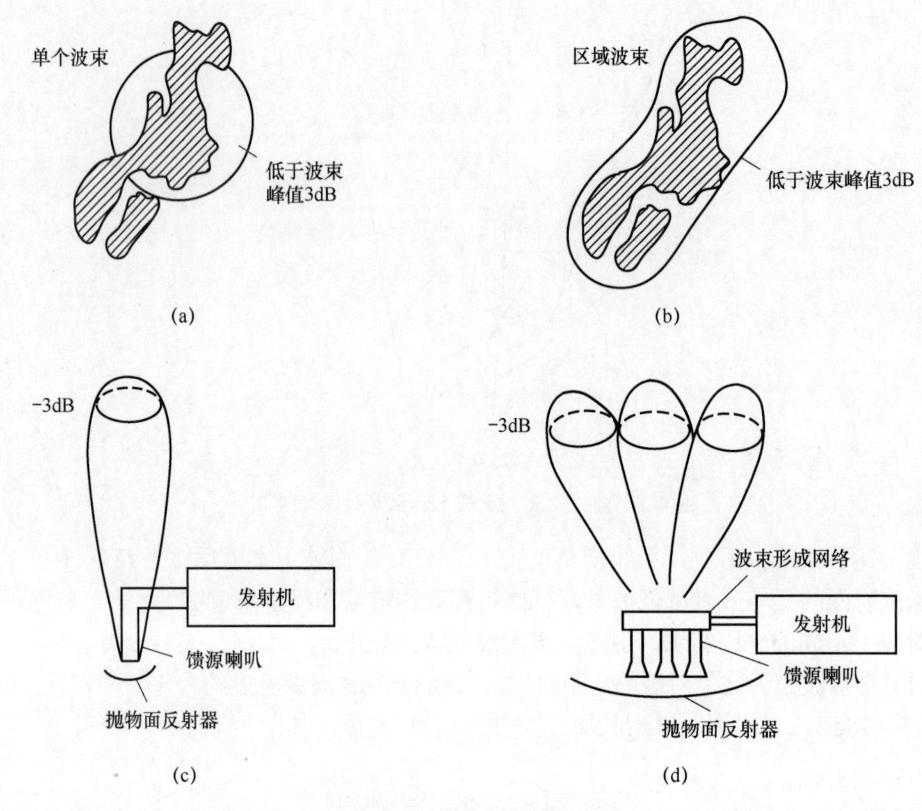

图 4-4　区域波束形成示意图

4.2.2 INMARSAT 卫星天线

卫星移动通信系统 INMARSAT-IS-V 卫星共配有 11 副天线，装在星体一侧的支架上，其中 5 副是遥测、指令和信标天线，6 副是通信天线，如图 4-5 所示，具体配置情况如下。

（1）6GHz 全球波束接收天线（圆锥喇叭天线）；

（2）6GHz 半球/区域波束接收天线（直径 1.54m 抛物面天线）；

（3）4GHz 全球波束发射天线（圆锥喇叭天线）；

（4）4GHz 半球/区域波束接收天线（直径 2.44m 抛物面天线）；

（5）14/11GHz 东向点波束收发共用天线（直径 1m 抛物面天线）；

（6）14/11GHz 西向点波束收发共用天线（直径 1m 抛物面天线）；

（7）11GHz 信标天线（圆锥喇叭天线）；

（8）指令天线一副；

（9）遥测环形天线一副；

（10）遥测定向天线两副。

半球/区域波束的成形，主要利用了 88 个方形喇叭（馈电元）作馈源，由功率分配移相网络给各部分馈电元加上适当的幅度和相位的激励来实现。

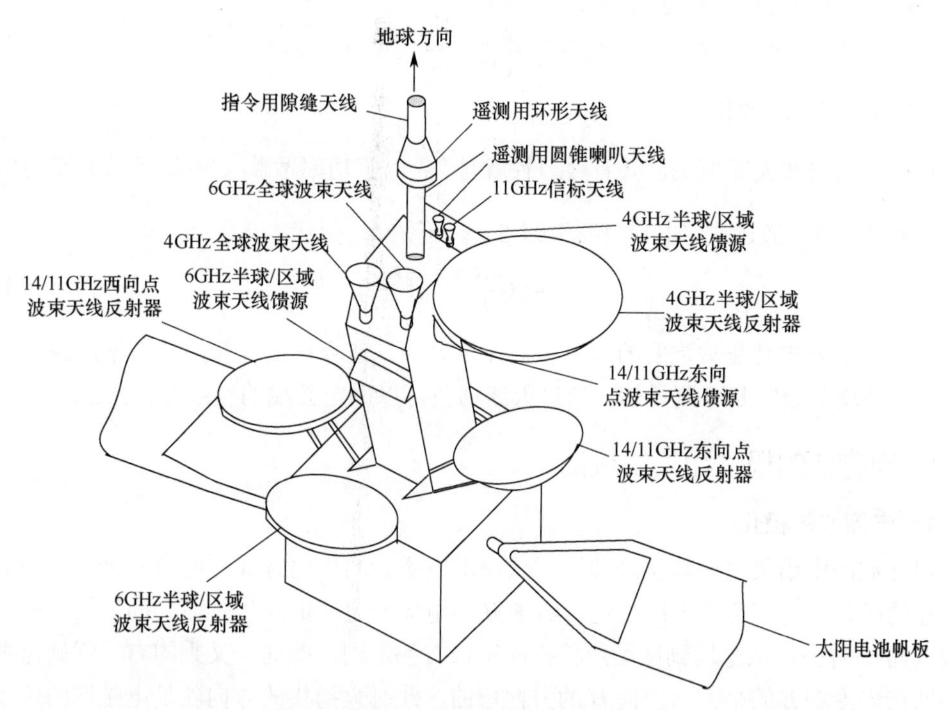

图 4-5　INMARSAT-IS-V 卫星天线配置图

目前，大部分国内的卫星采用的是单波束天线，多波束天线在提高天线增益、提高频谱利用率以及具有波束动态调整能力方面的优点越来越受到关注，已在卫星通信系统中使用。

4.2.3　接收天线的有效面积

有效面积是描述天线接收特性的一个重要概念，假设在接收天线处有一个功率密度为 ψ 的电磁波，天线接收设备的负载是复共轭匹配的，即接收功率 P_{rec} 可以全部送至负载。实际上，由于具有馈线损耗，实际送到接收机的功率必然要减小。当接收天线与最大接收方向对准时（包括极化对准），接收功率 P_{rec} 将与入射波的功率密度 ψ 成正比，此比例常数即为天线的有效面积，即

$$A_e = \frac{P_{rec}}{\psi} \tag{4-3}$$

对于许多物理面积可以很容易确定的天线，如喇叭天线和抛物面反射天线等，其有效面积一般都与其物理面积有直接的联系。如果电磁波能够均匀地照射在物理面积上，则物理面积就等于有效面积，但是放置在入射波电磁场中的天线将改变场的分布，因而妨碍了均匀入射，进而造成有效面积 A_e 要比物理面积要小，它们之间即由天线效率 η 联系，若 A_p 表示物理面积，则有

$$A_e = \eta \cdot A_p \tag{4-4}$$

对于每一个天线，照射效率通常是定值，它的取值范围大约为 0.5～0.8。对一确定天线，其功率增益 G 与有效面积存在下列基本关系，即

$$\frac{A_{\mathrm{e}}}{G}=\frac{\lambda^2}{4\pi} \tag{4-5}$$

式中：λ为电磁波的波长。

对于各向同性天线来说，其有效口径就是$\frac{\lambda^2}{4\pi}$，其功率增益 G=1。而若天线的口径为D，半径为R，通过式（4-4）和式（4-5），可知

$$G=4\eta(\frac{\pi R}{\lambda})^2=\eta(\frac{\pi D}{\lambda})^2 \tag{4-6}$$

以上几个公式是非常重要的天线参数计算公式，在今后的计算中会常常用到。在实际中，天线增益通常是可测量的，通过天线增益可以确定天线的有效面积值。

4.2.4 电磁波的极化和天线极化

1. 电磁波的极化

电磁波的电场矢量末端轨迹曲线形状决定电磁波的极化方式。电场和磁场都是随时间变化的函数，且若传播方向确定，磁场H和电场E之间的变化是完全同步的，即沿着传播方向v看去，从电场到磁场旋转方向符合右手定则，即向量叉乘的右手螺旋定则。右手四指先沿着E的个方向，向H的方向弯曲，此时大拇指的方向就是电磁波的传播方向，如图 4-6 所示。更进一步的说，磁场和电场的幅度也是正比变化的，所以在讨论电磁波的极化过程中，只要讨论电场的变化，就可以得到磁场的变化。

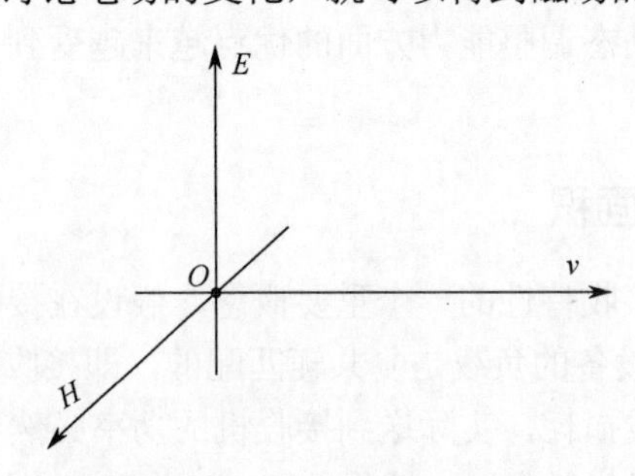

图 4-6　右手螺旋定则对于电场和磁场以及运动方向的描述

电磁波的极化方式分为线极化和圆极化两种。其中，若电磁波的电场矢量末端轨迹曲线为一直线，则该电磁波称为线极化电磁波。线极化又分为垂直极化和水平极化，在电磁波通信早期定义中，垂直极化意味着电场方向与地球表面垂直，而水平极化则意味着电场方向与地球表面平行。而随着电波传播的多种形式产生，往往自行定义垂直与水平极化方向。

垂直极化电场矢量为

$$\hat{\boldsymbol{E}}_y=\hat{\boldsymbol{a}}_y E_y\sin\omega t \tag{4-7}$$

式中：$\hat{\boldsymbol{a}}_y$为垂直方向的单位矢量；E_{y}为电场的幅度。

与此类似，水平极化的电场矢量为

$$\hat{\boldsymbol{E}}_x=\hat{\boldsymbol{a}}_x E_x\sin\omega t \tag{4-8}$$

以上两个电场矢量末端轨迹曲线都是直线，若有两个电场幅度 E 相等的电磁波，其中一个在相位上提前 π/2，例如，一个垂直极化电磁波和一个水平极化电磁波可以表示为

$$\begin{cases} \hat{\boldsymbol{E}}_y = \hat{\boldsymbol{a}}_y E \sin \omega t \\ \hat{\boldsymbol{E}}_x = \hat{\boldsymbol{a}}_x E \cos \omega t \end{cases} \tag{4-9}$$

这两个电场的合成电场矢量的末端轨迹为一个圆，则这样的电磁波称为圆极化电磁波，可见圆极化电磁波实际上为两个线极化波的合成。圆极化的方向定义为电场矢量旋转的方向，电气电子工程师协会（IEEE）将右旋圆（RHC）极化定义为：当沿着电波传播方向看去，电场旋转方向是顺时针的；左旋圆（LHC）极化定义为：当沿着电波传播方向看去，电场旋转方向是逆时针的。这样的定义同经典光学定义是正好相反的。从上面的定义可知，若电波传播方向是沿着+z 轴，则式（4-9）表示的是右旋圆极化，如图 4-7 所示。对于两个线极化波的合成，若相位相差不是π/2，或幅度并不相等，则合成后的为椭圆极化波。

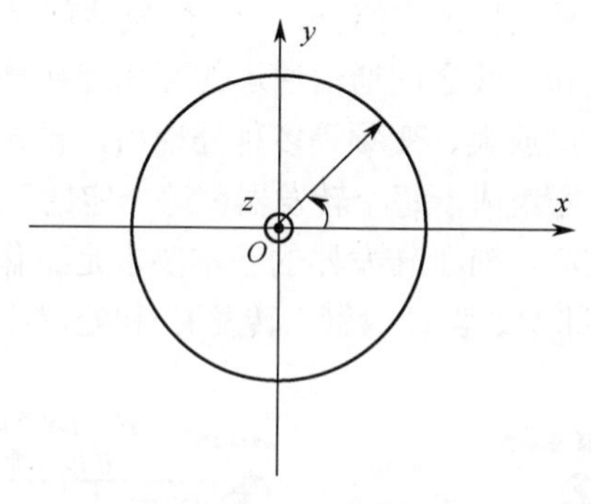

图 4-7　右旋圆极化

2. 天线的极化

发射天线的极化方式定义为它所发射的电磁波极化方式，所以水平偶极子将产生水平极化波，如果两个偶极子对称地成直角紧密放在一起，且馈送的电流幅度相同，相位相差 π/2，则产生圆极化波。由于圆极化本身具有对称性，所以偶极子并不需要沿着水平或垂直方向放置，而只需两者在空间上成直角放置即可。

接收天线的极化必须与电磁波的极化对齐，才可以达到最大的接收功率。若接收天线极化同电磁波极化相差 π/2，则接收损耗相当大，几乎相当于无法接收。可以通过改变馈源的矩形（长方形）波导口方向来确定接收垂直极化波或水平极化波，矩形波导口只能够接收与长边垂直的线极化波。

当入射波是圆极化时，采用两个相互正交交叉的偶极子接收，可以获得最大的合成功率。由于正弦波的平均功率与其幅度的平方成正比，所以对于式（4-9）中，每个偶极子接收到的功率与E^2成正比，总功率是单个分量的两倍，两个正交交叉的偶极子可以完全接收总功率。对于单个偶极子，能够始终接收到圆极化波，但有 3dB 的损耗，即 1/2 的功率损耗，如表 4-1 所列。

表 4-1　不同接收天线与波极化对应接收增益

项目			接收天线的极化					
			H	V	倾斜度		↻	↺
					45°	135°		
波的极化	H		0dB	-∞	-3dB	-3dB	-3dB	-3dB
	V		-∞	0dB	-3dB	-3dB	-3dB	-3dB
	倾斜度	45°	-3dB	-3dB	0dB	-∞	-3dB	-3dB
		135°	-3dB	-3dB	-∞	0dB	-3dB	-3dB
	↻		-3dB	-3dB	-3dB	-3dB	0dB	-∞
	↺		-3dB	-3dB	-3dB	-3dB	-∞	0dB

4.3　通信卫星的信号转发

卫星上的通信系统称为转发器或中继器，一个转发器就是一套宽带收/发信机。转发器是构成通信卫星收发信机和天线之间通信通道的互相连接部件的集合，它将卫星接收天线送来的各路微弱信号经过放大、变频等多种处理后，再送至相应的发射天线。卫星通信载荷通常由若干个转发器组成，每个转发器覆盖一定的频带。

转发器是通信卫星的核心，对于转发器的基本要求是工作可靠、附加噪声和失真要小，星载转发器通常分为透明转发器（“弯管”转发器）和处理转发器两类，如图4-8所示。

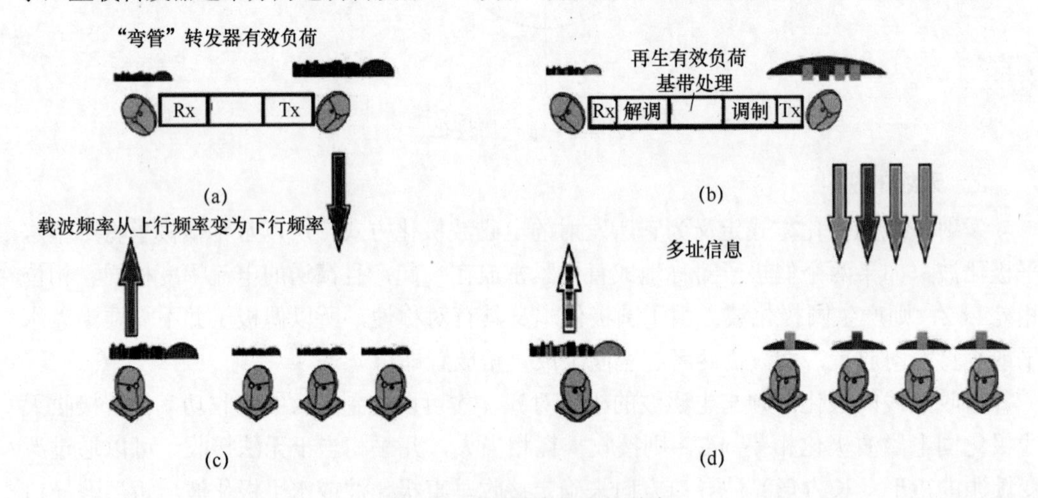

图 4-8　透明转发与处理转发

目前，大多数在轨的卫星通信系统使用的转发器都是透明转发器，也称为弯管式转发器（Bent-pipe）。这种转发器只完成对信号的放大和将上行频率变换为下行频率的功能，它的结构比较简单，性能也很可靠，因此，在卫星有效载荷和电源功率受限的情况下，透明转发器得到了广泛的应用。

随着卫星通信技术的发展和业务量的不断增加，对卫星通信系统的容量、通信质量、频谱利用率、通信链路的效率、网络的动态重组能力和抗干扰性能等方面均提出了严格而紧迫的要求。为了解决上述问题，具有星上信号处理和星上交换能力的处理转发器应运而生。处理转发器除了具有信号的放大、变频功能外，还能够实现对信号的调制、解调以及交换等功能，通过这种处理和交换，可以明显地改善通信卫星的性能。根据具体实现方式的不同，具有星上处理和星上交换能力的处理转发器可以实现存储转发和基带处理、星上再生、星上智能网控、星际链路、波束间和/或载波间的交换，以及抗干扰保护等功能。

4.3.1　透明转发器

透明转发器是指转发器通过接收天线接收来自地面的信号后，除对信号进行低噪声放大、变频和功率放大外，不做任何的处理，只是单纯地完成转发任务。因此，它对频带内的任何信号都是“透明”的通路。按照转发器的变频次数，透明转发器分为一次变频式透明转发器和二次变频式透明转发器。

1. 一次变频式透明转发器

在这种转发器中，先用低噪声放大器对接收到的上行频率的输入信号进行放大，经混频器变换为下行频率的输出信号，再经功率放大后通过天线发射回地面，如图 4-9（a）所示。它的射频带宽可达 500MHz，转发器的输入/输出特性线性，适用于多址接入的大容量卫星通信系统。

2. 二次变频式透明转发器

在二次变频式透明转发器中，先把接收的上行频率信号变成中频信号，经过放大后变成下行频率信号，再经过功率放大，由发射天线发送到下行链路，所以这种转发器也称为中频式频率变换转发器，如图 4-9（b）所示。

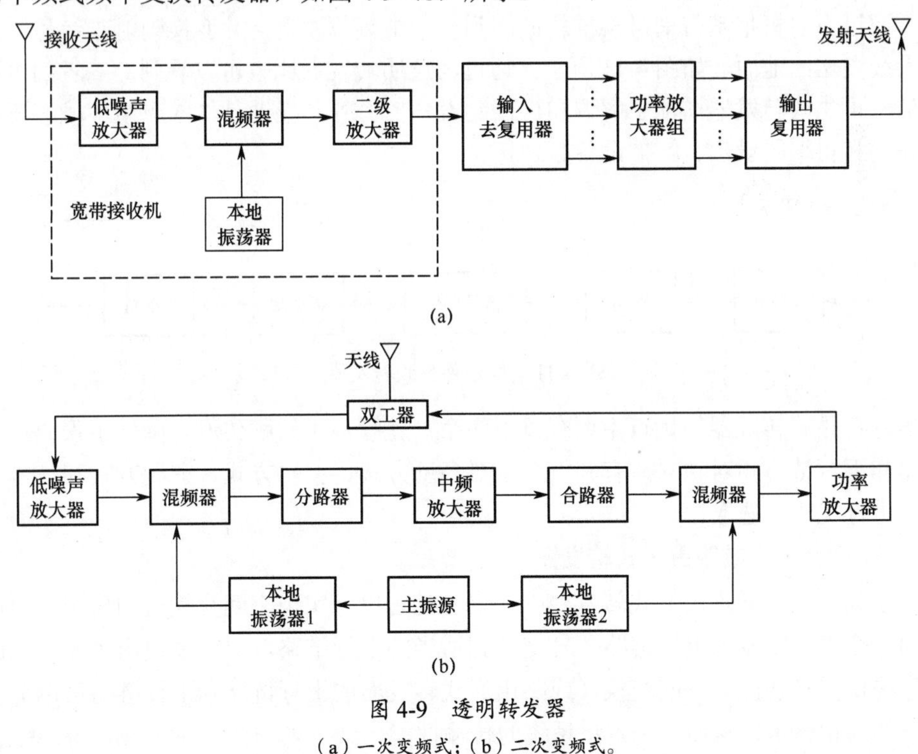

图 4-9　透明转发器

（a）一次变频式；（b）二次变频式。

4.3.2 处理转发器

在现代数字卫星通信系统中，基本采用处理转发器，其具有信号转发和信号处理的双重功能，组成原理如图4-10所示。从接收天线收到的信号，进入宽带接收机，经过低噪声放大器和下变频后变成中频信号，通过星上信号处理器实现对中频信号的解调和数据处理从而得到基带数字信号，在信号处理单元中完成相应的基带信号处理，再调制成下行的中频信号，并通过上变频和功率放大后发回地面。

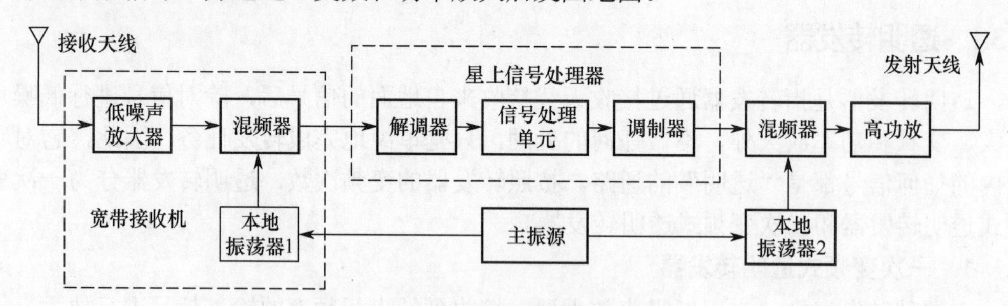

图4-10　星上处理式转发器的组成

星上处理式转发器可以在星上信号处理器中对信号进行各种处理，以满足不同应用的需要。星上信号处理可以有多种形式，根据所实现的功能可分为信号再生式转发器和空间交换（或路由）式转发器。

1. 信号再生式转发器

信号再生式转发器通过接收机将接收到的射频信号变换为中频信号，然后对中频信号进行解调，从而得到基带信号。完成信号再生、编码识别、帧结构重新排列等处理后，再通过发射机把基带信号再重新调制到一个中频载波上，并变换到射频信号，通过下行天线发送回地面，如图4-11所示。通过与透明转发器比较可以看到，二者的主要差别是信号再生式转发器增加了解调和再调制设备。另外，根据具体的应用环境，还可能包括译码和再编码设备、解扩设备等。

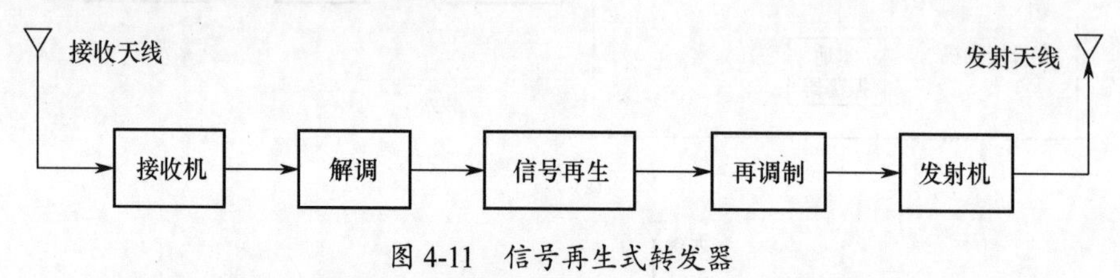

图4-11　信号再生式转发器

信号再生式转发器的优点主要有以下两个：使噪声不累积传送，降低了误码率；上行链路和下行链路相对独立，有利于系统对多址方式、编码方式、调制方式和信号复用方式等进行优化、选取。

2. 空间交换（或路由）式转发器

在空间交换（或路由）式转发器中，信号处理单元实现空间交换机的作用，可以根据地面指令把转发器的上行链路信号交换到适当的下行链路，也可以使用预先编制的交换程序提供交换功能。空间交换（或路由）式转发器的上行链路和下行链路可以分别选用不同的通信技术，从而优化卫星系统的传输性能。

4.4　通信卫星的姿态控制

卫星的姿态是指卫星在空间的指向。卫星姿态控制对于确保定向天线指向合适的方向是必需的，对于地球环境卫星，地球传感装置必须覆盖所设定的区域，也要求进行姿态控制。在轨道上运行的卫星会受到很多外界的影响，如在低轨道上的空气动力学转矩、在中轨道上的重力梯度转矩和地磁转矩、在高轨道上的太阳辐射压转矩等，这样就使卫星的运动姿态受到干扰，影响卫星通信功能的发挥。因此，卫星必须采用姿态控制，以使卫星的天线波束始终指向地球表面的服务区，同时对采用太能电池帆板的卫星，使帆板始终指向太阳。

定义卫星姿态的三根轴为**滚动轴（Roll）、俯仰轴（Pitch）和偏航轴（Yaw）**，其相对地球的关系在图 4-12 中给出。所有三根轴都穿过卫星的重力中心，其中偏航轴直接指向地球，俯仰轴垂直于卫星轨道面，而滚动轴则垂直于上述两个轴。对于赤道轨道，卫星相对滚动轴的移动使得天线波束覆盖区向北和向南移动；卫星相对俯仰轴的移动使得波束覆盖区向东和向西移动；卫星相对偏航轴的移动使得天线波束覆盖区旋转。

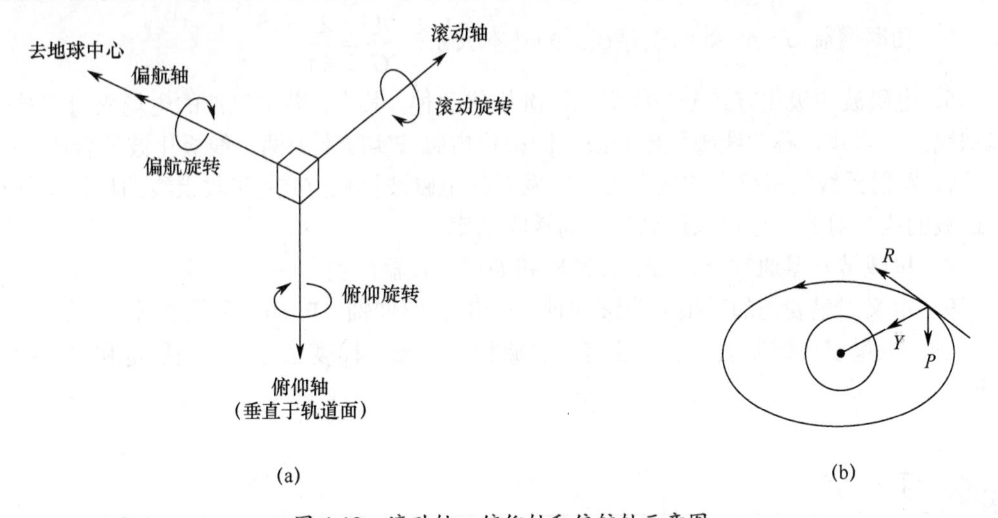

图 4-12　滚动轴、俯仰轴和偏航轴示意图

（a）滚动、俯仰和偏航轴；（b）对地静止轨道的 PRY 轴。

卫星姿态控制的方法主要有：**自旋稳定、重力梯度稳定、三轴稳定和磁力稳定**共四种。其中，自旋稳定和重力梯度稳定属于无源姿态控制，三轴稳定和磁力稳定属于有源姿态控制。

（1）自旋稳定法是根据陀螺旋转的原理，将卫星做成轴对称的形状，并使卫星以对称轴（自旋轴）为中心不断旋转，利用旋转时产生的惯性转矩使卫星姿态保持稳定。

（2）三轴稳定法是指用地球传感器探测俯仰和滚动误差，用太阳传感器探测偏航误差。对于三轴稳定卫星，需要稳定的三轴可以采用喷气、惯性飞轮或电机来直接控制，其中使用较多的是采用惯性飞轮。

（3）重力梯度稳定法是根据转动惯量最小的轴有与重力梯度最大的方向相一致的趋

势的原理，利用卫星上不同两点的作用力不平均，确保卫星姿态的稳定。目前，在小型应用卫星上采用这种姿态稳定方法的较多。

（4）磁性稳定法是利用固定在卫星上的磁铁和地球磁场的相互作用来控制卫星姿态的方法。这种方法容易受到地磁变动的影响，而且控制转矩较小，所以它仅作为其他方式的辅助手段。

本章要点

1．通信卫星有效载荷主要包括天线分系统和通信转发器。

2．通信卫星主要由以下几个分系统构成：通信分系统；控制分系统；跟踪、遥测与指令分系统；电源分系统；温控分系统。

3．按照天线波束覆盖区的大小，卫星定向天线可以分为全球波束天线、点波束天线和区域波束天线。

4．当接收天线与最大接收方向对准时（包括极化对准），接收功率将与入射波的功率密度成正比，此比例常数即为天线的有效面积 A_e。

5．功率增益 G 与有效面积存在下列基本关系：$\frac{A_e}{G}=\frac{\lambda^2}{4\pi}$。

6．电磁波的极化方式分为线极化和圆极化两种。其中，若电磁波的电场矢量末端轨迹曲线为一直线，称为线极化电磁波。圆极化电磁波实际上为两个线极化波的合成。

7．发射天线的极化方式定义为它所发射的电磁波极化方式；接收天线的极化必须与电磁波的极化对齐，才可以达到最大的接收功率。

8．星载转发器通常分为透明转发器和处理转发器两类。

9．定义卫星姿态的三根轴为滚动轴（Roll）、俯仰轴（Pitch）和偏航轴（Yaw）。

10．卫星姿态控制的方法主要有：自旋稳定、重力梯度稳定、三轴稳定和磁力稳定 4 种。

习　题

1．通信卫星有效载荷包括哪几部分？

2．通信卫星由几个部分组成？

3．按照卫星天线的覆盖面积分类，可以分为哪几种？

4．什么是电磁波的极化？如何分类？

5．天线的极化方式如何定义？

6．卫星通信系统转发器如何分类？有何区别？

7．一抛物面天线的口径为 3m，天线效率为 70%，试计算：

（1）该天线的有效面积；（2）频率为 4GHz 时的天线增益多大？

8．工作波长为 1cm 的各向同性天线的有效面积为多大？

9．典型的卫星姿态控制方式有哪几种？

第2篇

卫星通信基本技术

第5章

卫星通信中数字信号的调制和解调技术

本章核心内容

- 卫星通信中常用的数字调制方式
- 各种调制方式的基本形式
- 调制信号的传输特性

卫星通信具有覆盖地域广、通信距离远、通信容量大、传输质量好等特点，已成为现代信息社会的一种重要通信手段。为了充分有效地利用信道资源，数字调制和信道编码已成为在卫星移动通信传输中广泛采用的技术。传统的信道传输技术主要考虑的是如何在带宽利用率和功率效率这二者之间折中。随着超大规模集成数字电路技术的发展，对调制编码在算法处理复杂度上的限制越来越小。先进的信道调制解调及编码技术已用于许多通信系统，如地面数字移动通信系统、卫星通信系统等，使通信系统的传输性能大大提高。图 5-1 给出了典型的数字通信系统的组成结构，其核心技术为复用、编码、调制等。

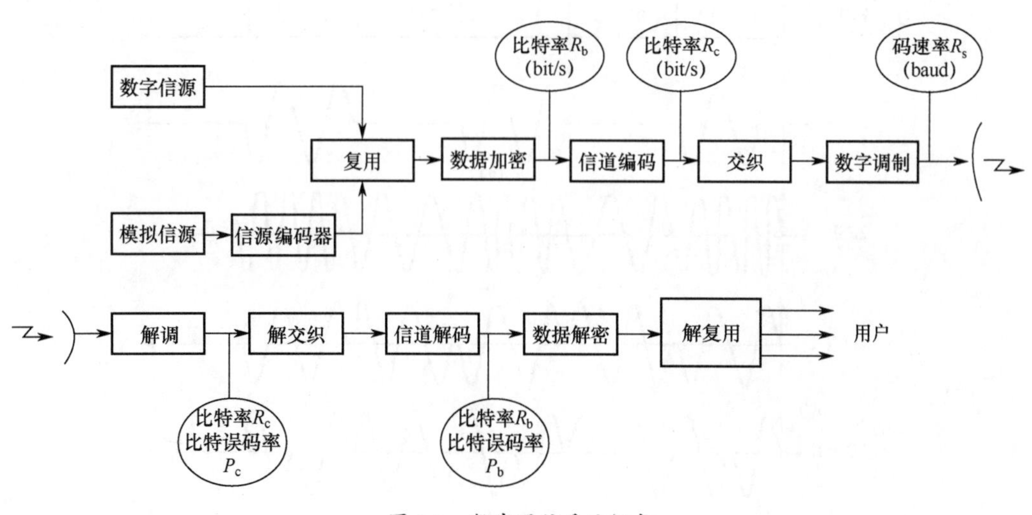

图 5-1　数字通信系统组成

思考题：用数字信号处理的知识解释如何得到一个连续信号的频谱（幅频特性）？并利用这个方法得到两个频谱：①幅度为 1，频率为 ω_0，占空比为 0.5 的双极性方波频谱；②$|\sin(\omega_0 t)|$的频谱。通过两个频谱的比较，分析数字调制的意义。

应用于通信信道的调制方式主要有两种，即扩频调制技术和窄带调制技术。扩频调制技术的信号质量好，扩频码分多址为频率再利用和多址接入提供了有效的综合解决方法，但也存在一些问题，如在给定频率带宽条件下，用户峰值传输速率受限，需要动态功率控制、码同步等问题。

窄带调制目前基本上仍采用传统的四相相移键控（QPSK）、最小频移键控（MSK）、正交幅度调制（QAM）及其改进型以适应高速率传输的要求，其波形如图 5-2 所示，对应的频谱如图 5-3 所示。为了进一步降低成本和功率，还有一些功率和带宽效率相对较高的调制方式，但由于实现复杂度较高，在卫星通信系统中的运用较少。

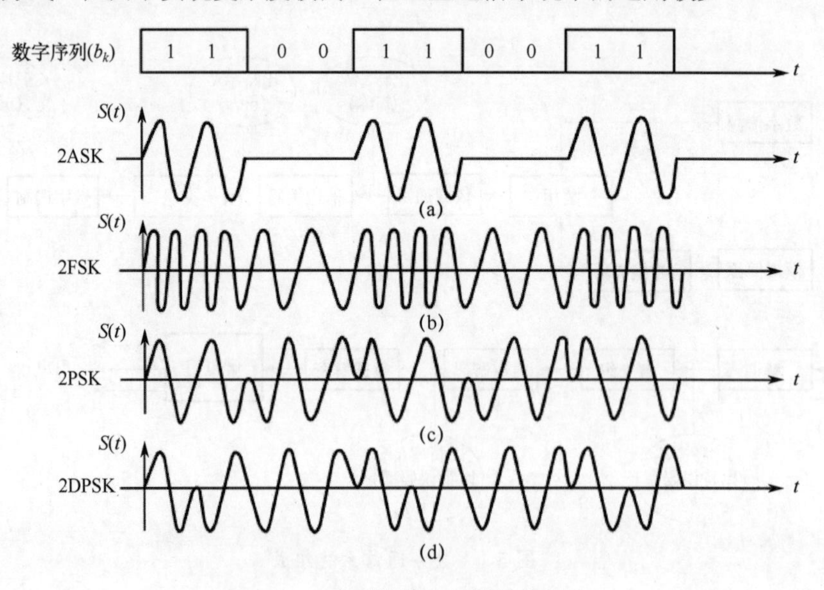

图 5-2　二进制基带信号调制波形图

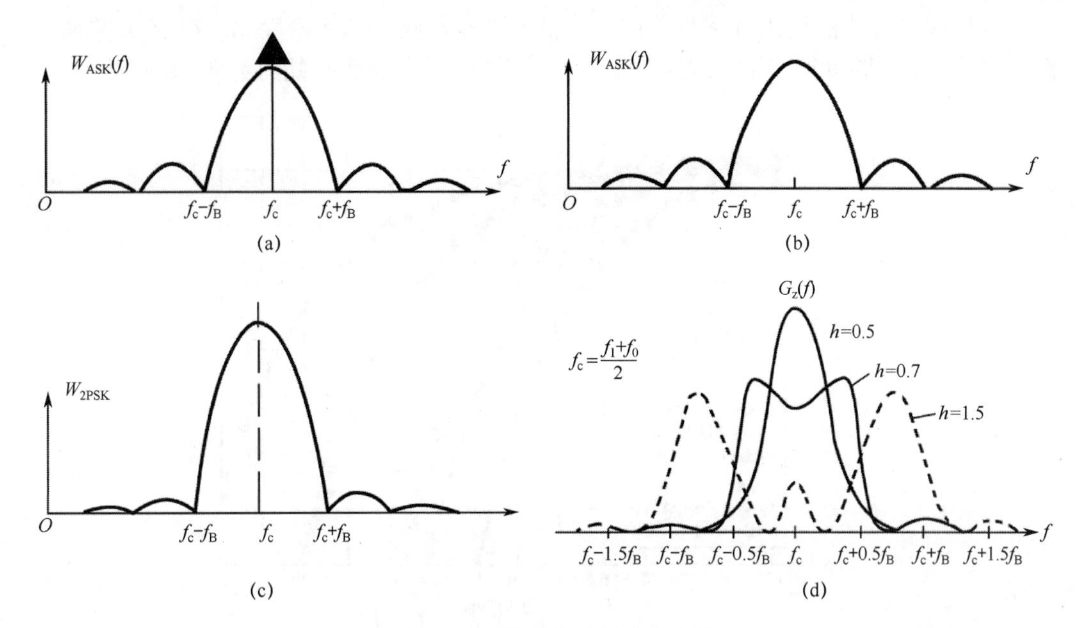

图 5-3　二进制数字调制的频谱图

（a）2ASK 频谱图；（b）抑制载波的 2ASK 频谱图；（c）2PSK 频谱图；（d）2FSK 频谱图（h 为调制指数）。

5.1　卫星通信中常用的数字信号调制方式

现代通信系统一般都采用数字调制技术。由于数字通信技术组网灵活，可以使用数字差错控制技术和数字加密，便于集成化，并能够与其他网络较容易地进行互联、互通，所以通信系统的传输模式已经基本为数字通信。近年来，数字通信系统的研究取得了很大进展，不论对于系统信令还是信息，都要求采取数字化传输。然而一般的数字调制技术，如幅度键控（ASK）、相移键控（PSK）和频移键控（FSK）因传输效率较低而无法满足卫星通信系统的要求。因此，在卫星通信系统中，通常选用一些抗干扰性能强、误码性能好、频谱利用率高的调制技术，尽可能地提高单位频带内传输数据的比特速率，以适应卫星通信的要求。

卫星通信信道既是功率和带宽受限的信道，又是非线性信道。随着通信容量的日益增加，频谱资源日趋紧张，致使信道间相互干扰的问题相当突出，这不仅要求调制信号的频带占用尽可能小，尽量提高频带利用率，而且要求调制信号具有快速高频滚降的频谱特性，从而使调制信号通过带限和非线性处理后具有尽可能小的频谱扩散。为了满足卫星通信的基本要求，结合数字调制技术的选择依据，现阶段的数字信号调制方式相对于传统方式做出了一些改变：

（1）为了防止频谱扩散，可采用频谱较窄的 MSK、高斯最小频移键控（GMSK）、偏移四相相移键控（OQPSK）等方式，来取代传统的 FSK、QPSK 等方式。

（2）为了增加符号利用率，可采用每符号比特数更多的 16QAM、64QAM 等方式。

（3）为了增强抗衰落能力，可采用单位符号比特数较少的 BPSK、QPSK、FSK 等方式。各种调制方式的误比特率与单位比特信号功率与噪声功率密度比（E_b/N_0）关系如图 5-4 所示。由图可见，靠左侧的曲线代表的调制方式的抗干扰能力更强。

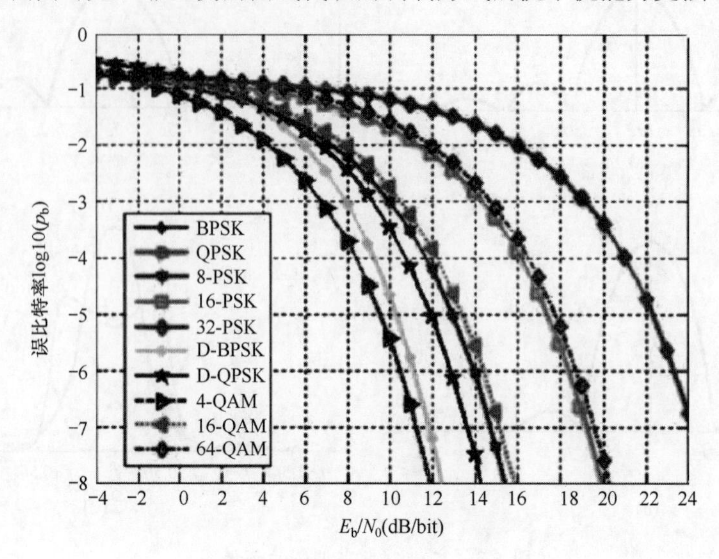

图 5-4　误比特率与 E_b/N_0 的关系

（4）为了增加带宽利用率，可采用了正交多载波的 OFDM 调制方式。

（5）为了降低解调复杂度，可选择非相干解调，但目前的技术范围来看，无论相干还是非相干解调都较容易实现。

5.2　相移键控调制方式

PSK 调制方式，也称为数字调相方式，是恒包络调制的一种，是指用数字基带信号对载波相位进行控制，在基带码元变化时，会产生相位突变。PSK 调制技术的发展，主要是为了尽量节省频谱资源，达到高效利用频谱的目的。一个已调波的频谱特性与其相位路径有着紧密的关系。要控制已调波的频谱特性，就必须控制它的相位路径，因此，PSK 调制技术的发展过程，就是使已调波相位路径不断得到改进与完善的过程。从二相相移键控（BPSK），到 QPSK 和 OQPSK 等调制方式的提出，都是为了提高信道频带利用率，使频谱高频快速滚降，减小带外辐射。

5.2.1　二相相移键控

BPSK 调制方式对载波的调相分为绝对调相和相对调相两种方式。绝对调相信号的产生方法有直接调相法和相位选择法两种，如图 5-5 所示。

在直接调相法中，环形调制器完成倒向开关的作用，倒向开关是由基带信号控制的。在此电路中，基带信号应是双极性脉冲。

由于已调波中不含载波成分，因此接收端应设法从调相波中提取原载波信号，称其为相干载波，下面介绍一种 BPSK 的相干载波解调方法，如图 5-6 所示。

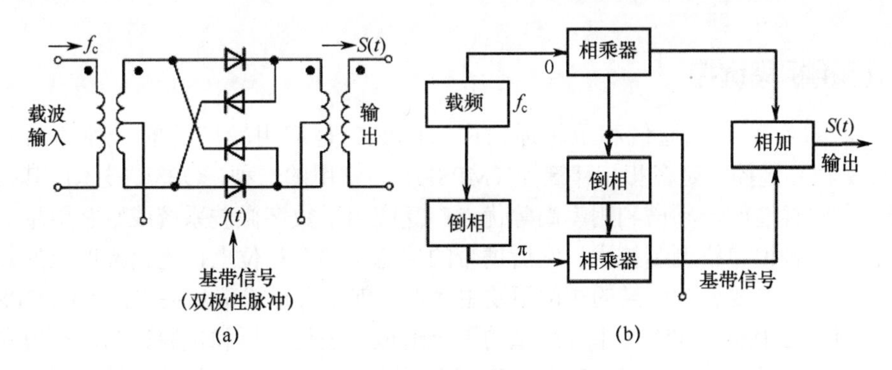

图 5-5　BPSK 绝对调相产生电路

（a）直接调相法；（b）相位选择法。

载波提取电路首先将调相信号 $S(t)$全波整流后，首先通过窄带滤波器（中心频率为 $2f_c$），将整流后得到的二次谐波成分（$2f_c$）滤出；然后对 $2f_c$ 信号限幅、二分频，二分频器输出的就是提取出来的相干载波，其形状为方波。BPSK 已调波 $S(t)$与相干载波通过相乘器进行极性比较（解调），并获得解调信号输出波形，如图 5-6（b）所示。极性相同，输出为正；极性相反，输出为负。在实际电路中，常用积分器代替低通滤波器。

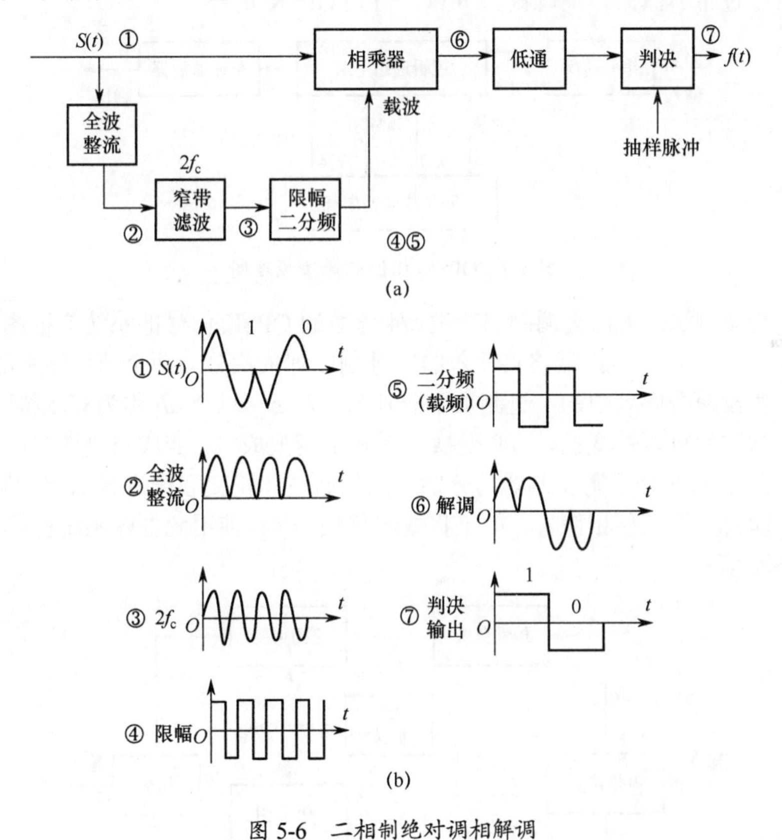

图 5-6　二相制绝对调相解调

（a）原理方框图；（b）各点波形图。

这种 BPSK 存在着相干解调的相位倒相问题，这就是 BPSK 不能直接应用的原因，解决这一问题的方法就是采用相对调相，即差分四相调制（DPSK）方式。

5.2.2 四相相移键控

在中容量数字微波通信和卫星通信中，QPSK 是应用较广泛的一种调制方式。QPSK 正交相移键控，是多相相移键控（MPSK）中常用的一种，QPSK 技术以其抗干扰性能强、误码性能好、频谱利用率高等优点广泛应用于数字微波系统或数字卫星通信系统中。它是一种恒包络调制技术，它所携带的信息全部在相位上，无论幅度上的衰减和干扰多么严重，只要调制信号的相位不发生错误，就不会造成信息丢失，因此 QPSK 调制技术特别适合于衰减和噪声十分严重的卫星信道。理论分析和试验证明，在恒参信道下 QPSK 调制技术与 FSK、BPSK、ASK 调制技术相比较，不仅抗干扰性能强，而且能更经济有效地利用频带，适合回传通道的技术要求，因此应用广泛。

QPSK 调制的实现有相位选择法和正交调制法。

（1）相位选择法。利用相位选择法产生 QPSK 信号的系统方框图如图 5-7 所示。四相载波发生器分别送出调相所需的 4 种不同相位的载波。按照串并变换器输出的双比特码元的不同，逻辑选相电路输出相应相位的载波。例如，在 π/4 体系的 QPSK 信号中，双比特码元为 10 时，输出相位为 7π/4 载波；双比特码元为 00 时，输出相位为 π/4 的载波等。最后经过带通滤波器滤除高频分量，得到 QPSK 信号。

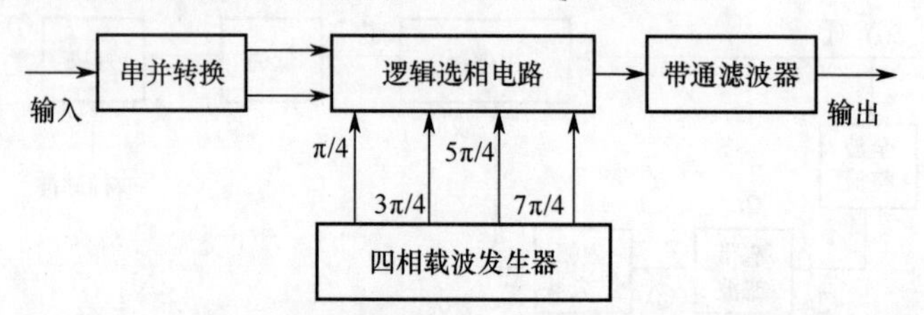

图 5-7 QPSK 相位选择法原理图

（2）正交调制法。用正交调制法产生 π/4 体系的 QPSK 信号的系统方框图，如图 5-8 所示。图 5-8 中，串/并转换器将将输入的二进制序列依次分为两个速率减半的并行的单极性序列。假设两个序列中的二进制数字分别为 a 和 b，每个 ab 称为双比特码元。单极性的 a 和 b 脉冲通过极性变换，即 0 变换成 1 和 1 变换成−1，变成双极性二电平信号 $I(t)$ 和 $Q(t)$，然后进入两个平衡调制器，分别对同相载波和正交载波进行二相调制，将两路输出叠加，即得到四相移相信号。如果将载波移相−π/4，使用此框图系统也可以产生 π/2 体系的 QPSK 信号。

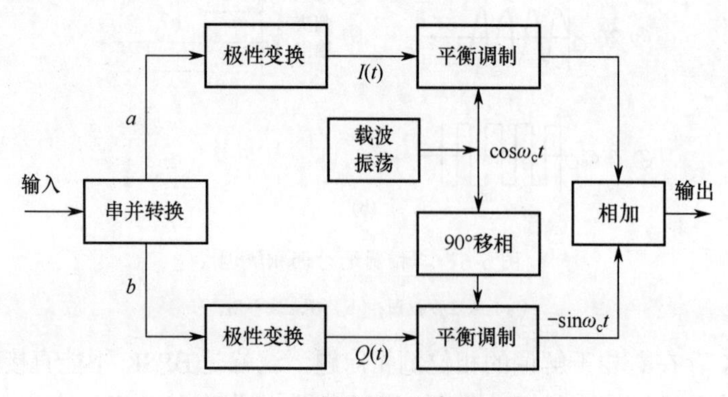

图 5-8 正交调制法调相原理图

在分析了 QPSK 调制技术的原理及实现方式后，下面分析一下 QPSK 调制技术的性能及优缺点。

QPSK 在卫星、微波等通信系统中被广泛采用，其较强的抗信号幅度失真能力以及合适的频谱传输效率，非常适用于卫星通信（如欧洲的 DVB-S），是目前卫星数字通信中最常用的一种数字调制方式，它是一种恒定包络的数字调制方式，而且占用较少射频带宽，频带利用率高，抗干扰能力强。但是 QPSK 调制技术还存在一些缺点。

（1）带外辐射强。QPSK 信号频谱的滚降速度很慢，远达不到某些通信系统对带外辐射的要求。

（2）不能使用非线性放大器。对于 π/2 体系 QPSK 信号，载波相位变化可以是 0，π/2，π，3π/2 中的任意一个，这样的信号在经过带通滤波器之后其包络就会出现起伏，特别是相位产生 π（180°）变化的地方，包络可以降到 0，而当一个有着非恒定包络的带限线性调制载波经过非线性放大后，其原已被滤掉或不存在的旁瓣就会被恢复，同时还会产生同相、正交信号间的带内串扰。这将引起严重的邻道和同信道干扰。经过非线性放大后系统的误码性能也会下降，这样一来，通过线性调制所获得的频谱效率在经过非线性放大后就会完全丧失。

（3）不能使用非相干解调。QPSK 是依靠载波的绝对相位来传递信息的，只能用相干检测来进行解调，而不能使用非相干检测（差分或鉴频器）。这样系统难以快速获得同步，抗衰落能力不强，同时系统设备复杂、成本高。

5.2.3　偏移四相相移键控

OQPSK 是继 QPSK 技术之后发展起来的一种恒包络数字调制技术，是 QPSK 技术的一种改进形式，也称为交错正交相移键控技术。

BPSK 和 QPSK 调制方式所产生的已调波，在码元转换时刻（码元转换点）上可能产生 180°的相位突变，致使频谱的高频滚降缓慢，带外辐射大。为了消除 180°的相位突变，20 世纪 60 年代末在 QPSK 基础上提出了 OQPSK，它虽然克服了 180°的相位突变的问题，但是在码元转换点上仍然有 90°的相位突变，同样使得频谱高频不能很快地滚降。

OQPSK 与 QPSK 技术有同样的相位关系，也是把输入码流分成两路，然后进行正交调制。区别在于它将同相和正交两支路的数据流在时间上错开了半个码元周期，而不像 QPSK 技术那样，I、Q 两个数据流在时间上是一致的（码元的沿是对齐的）。由于两支路码元半周期的偏移，每次只有一路可能发生极性翻转，不会发生两支路码元极性同时翻转的现象。因此，每当一个新的输入比特进入调制器的 I 或 Q 信道时，OQPSK 调制信号相位只能跳变 0°或 90°，不会出现 180°的相位跳变，所以频带受限的 OQPSK 调制信号包络起伏比频带受限的 QPSK 调制信号小，经限幅放大后频带展宽得少，故 OQPSK 调制的性能优于 QPSK 调制。OQPSK 因具有恒包络特性，受系统非线性影响小，广泛应用于卫星通信和移动通信领域。

OQPSK 调制的实现方法有许多，为了便于和 QPSK 调制对比，这里同样给出了相位选择法和调相法的实现，分别如图 5-9 和图 5-10 所示。

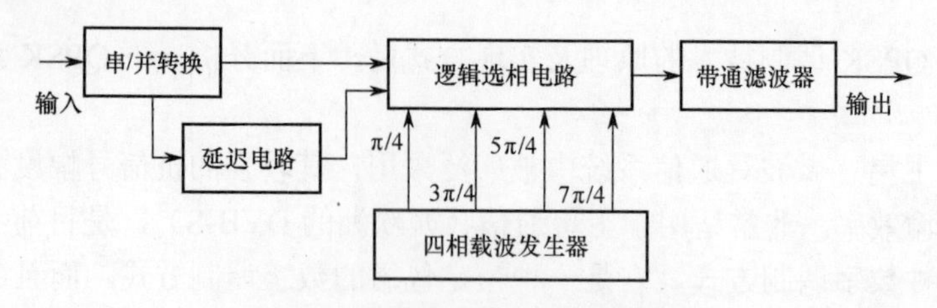

图 5-9　OQPSK 相位选择法原理图

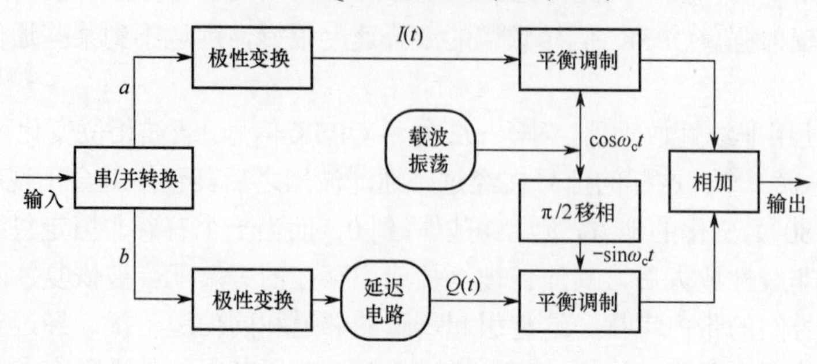

图 5-10　OQPSK 调相法原理图

5.3　频移键控调制方式

5.3.1　二进制频移键控

FSK 或称数字频率调制，基本原理是利用数字信号离散取值对载波频率进行键控调制。在数字通信的三种调制方式（ASK，FSK，PSK）中，FSK 是数字通信中较常用的一种调制方式，具有抗噪声性能好、对信道变化不敏感、误码率低、解调不须恢复本地载波等优点。FSK 调制在低、中速数据传输中，特别是在衰落信道中传输数据时，有着广泛的应用。FSK 调制的缺点是占用频带较宽，频带利用不够经济。

5.3.2　最小频移键控

MSK 调制是恒包络调制方式的一种，能够产生包络恒定、相位连续的调制信号。其带宽窄，频谱主瓣能量集中，旁瓣滚降衰减快，频带利用率高，在现代通信中得到了较为广泛地应用。

最小频移键控又称快速频移键控，是一种特殊的二元频移键控。用不同频率的载波来表示 1 和 0 就是频移键控 FSK。在频率（或数据）变化时，一般的 FSK 信号的相位（波形）是不连续的，所以高频分量比较多。如果在码元转换时刻 FSK 信号的相位是连续的，称之为连续相位的 FSK 信号（CPFSK）。CPFSK 信号的有效带宽比一般的 FSK 信号小，MSK 就是一种特殊的 CPFSK。最小移频键控的“最小”二字指的是这种调制方式能以最小的调制指数 h=0.5 获得正交的调制信号。除了相位连续以外，MSK 调制信号还要求满足 1 码和 0 码的波形正交（有利于降低误码率），频移最小（有利于减小信号带宽，提高对信道的频带利用率）。

5.3.3　高斯最小频移键控

20 世纪 70 年代提出的高斯最小频移键控（MSK）数字调制技术具有恒定的振幅、信号的功率谱在主瓣以外衰减较快等优点。虽然 MSK 调制技术使频率转换点附近的相位连续，但是这里的相位却不平滑，因此仍然会造成较大的带外辐射。在一些通信场合，对信号带外辐射功率的限制十分严格，要求信号在邻近信号上所辐射的功率和所需信道的信号功率相比，必须衰减 70~80dB 以上，MSK 调制信号仍然不能满足这样的要求。

为了平滑频率转换点附近的连续相位，提高 MSK 调制技术的频谱性能，人们在它的基础上又研究出了一种高斯最小频移键控调制方式，即在 MSK 调制器前加上一个高斯型低通滤波器对数据进行处理，如图 5-11 所示。如果恰当地选择高斯低通滤波器的带宽，则能使信号的带外辐射功率小到可以满足对信号带外辐射功率的限制要求。

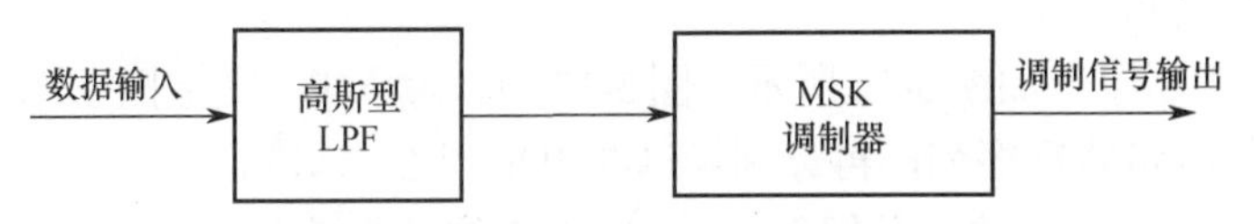

图 5-11　GMSK 调制原理框图

GMSK 的性能和高斯滤波器的特性紧密相关。设高斯滤波器的 3dB 带宽为 B，它与码速率 f_b（$1/T_b$，T_b 为码元宽度）的比值是低通滤波器的重要参数，即 BT_b。

当 $BT_b \geqslant 1$ 时，则表示高斯滤波器的带宽大于基带数据信号的带宽，此时对于信号高频分量的抑制作用很弱。当 $BT_b \to \infty$ 时，相当于没有加入高斯滤波器，此时等同于 MSK 调制。

当 $BT_b<1$ 时，则表示高斯滤波器的带宽小于基带数据信号的带宽，此时对于信号高频分量的抑制作用较强。这种抑制作用越显著，则旁瓣被滤除的越多。高斯滤波器虽然抑制了邻道干扰，但经分析发现，GMSK 的基带信号存在码间干扰，其大小与 BT_b 成反比，这导致 GMSK 的误码性能要比 MSK 差。

GMSK 调制作为一种连续相位的恒包络非线性调制方式，具有带外辐射小、频谱利用率高、相位平滑的特点，广泛用在 GSM、CDMA、卫星通信、数字电视、无线局域网、航空数据链、软件无线电等许多方面，GSM 系统中使用的是 BT_b=0.3 的 GMSK 调制。在军事通信中，GMSK 调制与跳频通信组合，利用 GMSK 调制的恒包络、频谱利用率高的特性以及跳频通信的抗干扰、抗截获特性，可以实现军事通信中的高速、安全数据传输。

5.4　QAM 调制方式

在现代通信中，提高频谱利用率一直是人们关注的焦点之一。近年来，随着通信业务需求的迅速增长，寻找频谱利用率高的数字调制方式已成为数字通信系统设计、研究的主要目标之一。QAM 就是一种频谱利用率较高的调制方式，实现起来也比较方便，在各种通信系统中有着广泛的应用，是数字微波通信、卫星通信、有线电视网数字视频广播等应用的主要调制方式。

5.4.1　QAM 调制的基本原理

QAM 正交幅度调制是用两路独立的信号分别去调制同相与正交两个载波，QAM 已调信号为

$$\begin{aligned}S_m(t) &= \mathrm{Re}[(A_{mc} + \mathrm{j}A_{ms})g(t)\mathrm{e}^{\mathrm{j}2\pi f_c t}] \\ &= A_{mc}g(t)\cos(2\pi f_c t) - A_{ms}g(t)\sin(2\pi f_c t) \quad m = 1,2,\cdots,M, \quad 0 \leqslant t \leqslant T\end{aligned} \tag{5-1}$$

式中：A_{mc} 和 A_{ms} 为承载信息的正交载波的信号幅度；$g(t)$为信号脉冲。

用另一种方法可将 QAM 信号波形表示为

$$\begin{aligned}S_m(t) &= \mathrm{Re}\left[(A_{mc} + \mathrm{j}A_{ms})g(t)\mathrm{e}^{\mathrm{j}2\pi f_c t}\right] \\ &= V_m g(t)\cos(2\pi f_c t + \theta_m)\end{aligned} \tag{5-2}$$

式中：$V_m = \sqrt{A_{mc}^2 + A_{ms}^2}$；$\theta_m = \arctan(A_{ms} / A_{mc})$。该表达式表明 QAM 信号波形可以看作幅度与相位联合调制。

QAM 信号调制原理如图 5-12 所示。图 5-12 中，输入的二进制序列经过串/并变换器输出速率减半的两路并行序列，再分别经过 2 电平到 L 电平的变换，形成 L 电平的基带信号。为了抑制已调信号的带外辐射，该 L 电平的基带信号还要经过预调制低通滤波器，形成 $X(t)$和 $Y(t)$，再分别与同相载波和正交载波相乘。最后将两路信号相加可得到 QAM 调制信号。

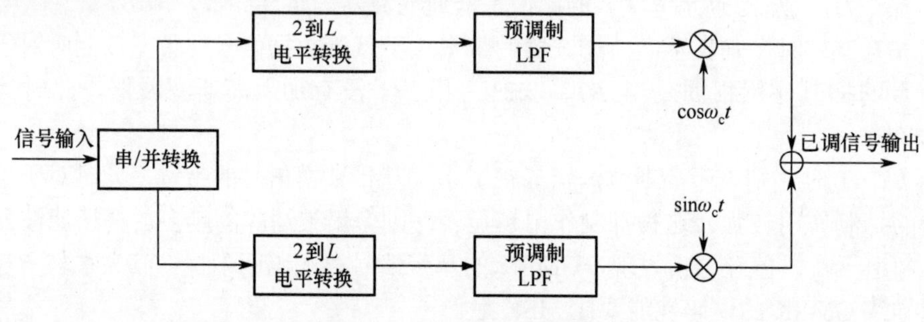

图 5-12　QAM 调制原理图

5.4.2　QAM 映射的实现方法

QAM 映射的实现框图如图 5-13 所示。QAM 信号存在四相相位模糊问题，这里使用二相差分编码克服四相相位模糊。对表示信号矢量所处象限的两个比特进行差分编码，其他两个比特用来规定每个象限中信号矢量的配置，并使这种配置呈现出 90º 旋转对称性。二相差分编码公式为

$$\begin{cases} y_{Dk} = y_{Ak} \oplus y_{Dk-1} \\ x_{Dk} = x_{Ak} \oplus x_{Dk-1} \oplus y_{Dk} \end{cases} \tag{5-3}$$

式中：⊕ 为“异或”；A 为待编码数据；D 为差分编码后数据。

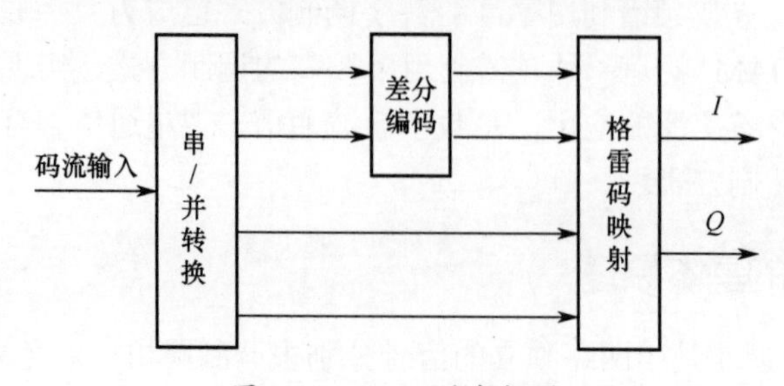

图 5-13　QAM 映射框图

对多电平信号进行检测并恢复成二进制码时，格雷码电平逻辑比自然码电平逻辑具有更好的误码性能，所以 16QAM 映射采用了格雷编码技术。

5.4.3　QAM 调制的性能

QAM 信号的波形可以表示成两个标准正交信号波形 $f_1(t)$ 和 $f_2(t)$ 的线性组合，即

$$S_m(t)=S_{m1}(t)f_1(t)+S_{m2}(t)f_2(t) \tag{5-4}$$

其中

$$\begin{cases} f_1(t)=\sqrt{\dfrac{2}{\xi_g}}g(t)\cos(2\pi f_c t) \\ f_2(t)=-\sqrt{\dfrac{2}{\xi_g}}g(t)\sin(2\pi f_c t) \end{cases} \tag{5-5}$$

$$\begin{aligned} S_m &= [S_{m1} \quad S_{m2}] \\ &= \left[A_{mc}\sqrt{\frac{1}{2}\xi_g} \quad A_{ms}\sqrt{\frac{1}{2}\xi_g} \right] \end{aligned} \tag{5-6}$$

式中：ξ_g 为信号脉冲 $g(t)$ 的能量。

任意一对信号向量之间的欧几里得距离为

$$\begin{aligned} d_{\min}^{(e)} &= \| S_m - S_n \| \\ &= \sqrt{\frac{1}{2}\xi_g[(A_{mc}-A_{nc})^2+(A_{ms}-A_{ns})^2]} \end{aligned} \tag{5-7}$$

在特殊情况下，即信号幅度取一组离散值 $\{(2m-1-M)d,\ m=1,2,\cdots,M\}$，信号星座图是矩形的。在这种情况下，相邻两点间的欧氏距离即最小距离为

$$d_{\min}^{(e)} = d\sqrt{2\xi_g} \tag{5-8}$$

由图 5-14 可以看出，16QAM 的 16 个已调波矢量端点不在一个圆上，点间距离较远，解调时，区分相邻已调波矢量容易，故误码率较低。当把坐标原点与各矢量端点连线，可看出各已调波矢量的相位和幅度均有变化，所以 QAM 方式是既调幅又调相的。

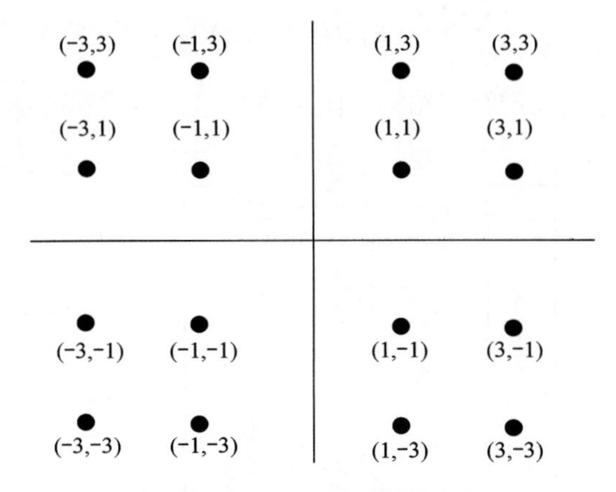

图 5-14　16QAM 矩形信号星座图

5.5 OFDM调制方式

5.5.1 OFDM技术

正交频分复用（OFDM）技术于20世纪五六十年代提出，是一种典型的多载波调制方式。进入20世纪80年代，随着超大规模专用集成电路的快速发展，业界开始研究OFDM在通信领域的应用。有效速率为每秒几十千比特，仍属于窄带应用。到了90年代，OFDM开始用于宽带通信和广播领域。OFDM已经成功用于欧洲数字音频广播，信道速率为2.4Mb/s，载波调制方式为QPSK，信道带宽1.6MHz。目前欧洲数字电视的地面广播系统已经把OFDM作为传输方式，有效数据速率为4.98~31.67Mb/s，载波调制方式为QPSK-OFDM，16QAM-OFDM和64QAM-OFDM其中之一或其中任意组合，信道带宽为8MHz。我国则把64QAM-OFDM作为高清晰度电视地面广播系统功能样机的重点传输方式之一。

OFDM通过串并变换把高速串行数据分散到N个正交的子载波上进行传输，则各子载波的符号速率变为高速数据符号速率的$1/N$，子载波的符号的持续时间可以增大为串行数据符号的N倍，并且采用插入持续时间大于信道最大传输时延的循环前缀来克服符号间的干扰。无线信道的在整个频带内的频率响应曲线大多是非平坦的，而OFDM把信道分成N个窄的子信道，在每个子信道上进行的是窄带传输，信号带宽小于信道的相干带宽，这样每个子信道的频率响应就比较平坦，因此可以很好地克服频率选择性衰落。

以N个子载波的OFDM系统为例。串行数据首先经过BPSK、QPSK、16QAM、64QAM中的一种数字调制映射得到串行符号流$\{d_n\}$（$n=0,1,2,\cdots,N-1$）。先取出N个符号，将其分配到N路子信道中，每个符号用N个正交子载波中的一个，然后将调制后得到的信号叠加，即得到一个OFDM符号，再重复上述过程，发送下N个符号。OFDM调制解调的子载波之间必须满足正交条件，通常载波间最小间隔等于符号周期倒数的整数倍时，即可满足正交条件。假定一个OFDM符号的周期为T，子载波的间隔选择为$1/T$，子载波的频率为$f_i=f_0+i/T$（$i=0,1,2,\cdots,N-1$），f_0为最低的子载波频率，则调制后的一个OFDM的复基带信号为

$$s(t)=\sum_{i=0}^{N-1} d_i \exp[\mathrm{j}2\pi(f_0+i/T)t] \quad 0\leqslant t\leqslant T \tag{5-9}$$

OFDM通信系统中的发送端的结构如图5-15所示，接收端的结构与发送端对称，为相反过程。

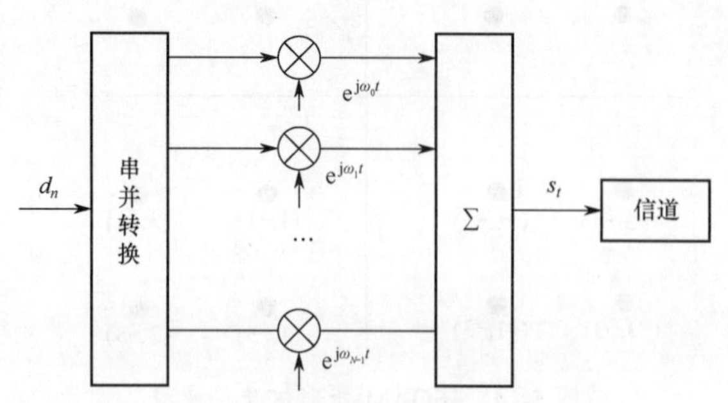

图5-15 OFDM通信系统中发送端的结构

5.5.2 OFDM 的 FFT 实现

1971 年，Weinstein 和 Ebert 将离散傅里叶变换（DFT）引入到并行传输系统的调制解调部分。该技术去掉了频分复用所需要的子载波振荡器组、解调部分的带通滤波器组，并且可以利用高效率的快速傅立叶变换（FFT）的专用器件来实现全数字化的调制解调过程，这也是 OFDM 的突出优点之一。

一个 OFDM 信号包含一组采用 PSK 或 QAM 调制的子载波的和。由式（5-9）表示的 OFDM 调制信号可以写为

$$s(t)=\sum_{i=0}^{N-1}d_i\exp(\mathrm{j}2\pi(f_0+i/T)t)=\sum_{i=0}^{N-1}d_i\exp(\mathrm{j}\frac{2\pi i}{T}t)\mathrm{e}^{\mathrm{j}2\pi f_0 t}=X(t)\mathrm{e}^{\mathrm{j}2\pi f_0 t} \tag{5-10}$$

式中：$X(t)$为等效复基带信号，可表示为

$$X(t)=\sum_{i=0}^{N-1}d_i\exp(\mathrm{j}\frac{2\pi i}{T}t) \tag{5-11}$$

在这种表示方法中，串行符号流$\{d_n\}$的实部和虚部分别对应 OFDM 信号的同相分量（I 分量）和正交分量（Q 分量）。I、Q 分量分别与特定频率 f_0 子载波和频移后的子载波进行正交混频得到 N 路信号，最后将这 N 路信号进行累加以得到 OFDM 信号。

这种方法虽然原理上简单明了，理论上可行，但是实际实现时非常困难，尤其是当子载波数目很多、子载波间隔非常小时，很难实现这样高的频率分辨率。每一路子信道的结构都是一个正交调制器，结构非常庞大。而且这种结构采用若干路功能完全一样的分立调制解调器实现，极其浪费资源。

注意，对于式（5-10）进行采样频率为 $1/T_\mathrm{s}$ 的采样，可以得到

$$s(kT_\mathrm{s})=\sum_{i=0}^{N-1}d_i\exp[\mathrm{j}(2\pi f_0+\frac{2\pi i}{T})kT_\mathrm{s}]=\sum_{i=0}^{N-1}d_i\exp[\mathrm{j}2\pi(f_0+f_\mathrm{i})kT_\mathrm{s}] \tag{5-12}$$

假设一个码元 T 周期内含有 N 个样值，即

$$T=NT_\mathrm{s} \tag{5-13}$$

不失一般性，令 f_0=0，则

$$f_i=\frac{i}{N\cdot T_\mathrm{s}} \tag{5-14}$$

于是，有

$$s(kT_\mathrm{s})=\sum_{i=0}^{N-1}d_i\exp[\mathrm{j}2\pi f_i kT_\mathrm{s}]=\sum_{i=0}^{N-1}d_i\exp[\mathrm{j}\frac{2\pi ik}{N}] \tag{5-15}$$

不难看出，$s(kT_\mathrm{s})$实际上就是d_i的离散傅立叶反变换 IDFT，这里忽略了系数 $1/N$。因此，只要保持载波的频率间隔为 $1/T$，则 OFDM 信号不但保持了正交性，而且可以用 IDFT 来定义和实现。

在接收端进行相反的过程，对收到的 OFDM 码元进行 DFT，就可以恢复出原始信号 d_i。

用 DFT 的方法处理 OFDM 的优点为：①它大大化简了调制解调器的设计，使得多路子载波的处理通过 DFT 的处理就可以完成；②FFT 为 DFT 高效成熟的快速计算方法，

它可以很方便地在专用 DSP 芯片和硬件结构中实现，这样使得 OFDM 的实现更具有可操作性。

在此给出用 IFFT/FFT 的方法实现 OFDM 传输的基本原理框图，如图 5-16 所示。其中，每一路子信道的信号实际上是复基带信号的实、虚部分别对应 I、Q 支路的分量，即串行符号流$\{d_n\}$的实、虚部。

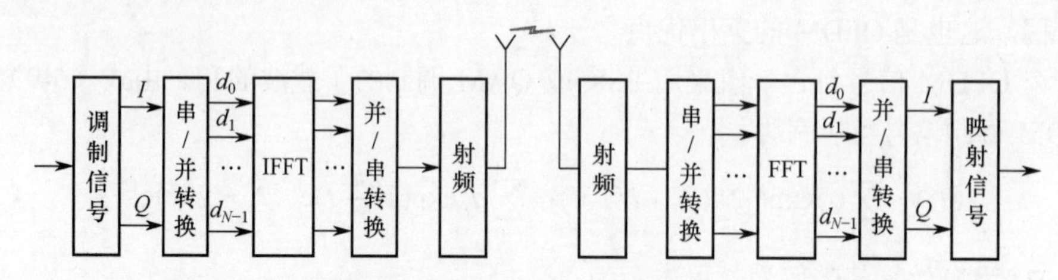

图 5-16　用 IFFT/FFT 的方法实现 OFDM 传输的基本原理框图

5.5.3　卫星通信中实现 OFDM 传输的系统结构

目前实现卫星高速数据传输的体制有多种。例如电视直播卫星 DVB-S 采用基于单载波的 QPSK 调制方式，可以实现大容量的数据传输，在卫星移动通信系统和其他特种卫星通信系统中则主要采用基于 CDMA 的传输系统，能够实现 3Mbit/s 的最大传输速率。OFDM 抗多径、高速率数据传输、高频带利用率等优点也越来越得到重视。

自从 20 世纪 90 年代末期开始，OFDM 已经在地面数字电视、蜂窝移动通信、无线局域网和宽带无线接入等领域得以成功应用。受其影响，不少学者开始研究正交频分复用在低轨移动卫星通信系统中的应用。许多研究成果表明，OFDM 作为一种典型的多载波传输方式，它具有与 CDMA 系统相类似的传输性能但频谱利用率更高，接近于奈奎斯特率，并且具有抗码间干扰的内在机制，非常适合大容量高速宽带传输。

采用 OFDM 体制的低轨道卫星移动通信系统的结构如图 5-17 所示。其上面的支路为星上发送部分，下面的支路为地面站接收部分。图 5-17 中，S/P 代表串并变换，P/S 代表并串变换，CP 为循环冗余前缀（Cyclic Prefix），用来消除码间干扰和子载波间干扰。

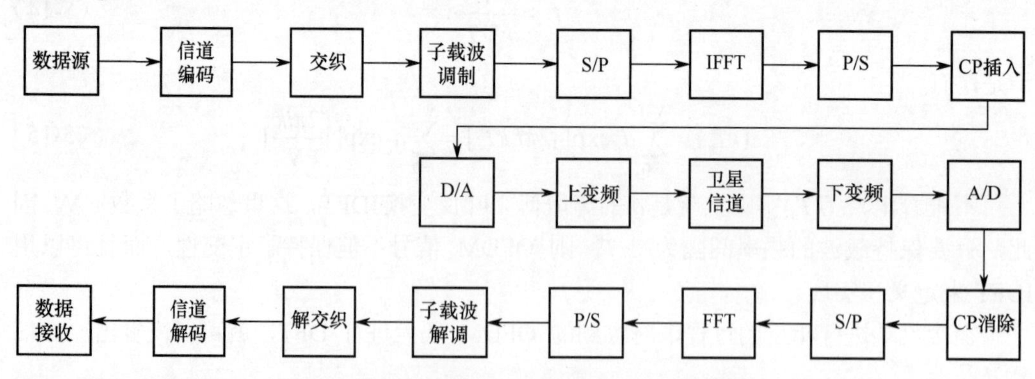

图 5-17　OFDM 体制卫星通信系统结构示意图

表 5-1 中列出了一个典型的采用 OFDM 调制技术卫星的参数。

表 5-1　采用 OFDM 的卫星通信系统的参数

参数名称	值	数据传输速率/（Mbt/s）	数字调制方式	编码效率
星上功率	20W	12	QPSK	1/2
系统带宽	20MHz	18	QPSK	3/4
子载波数（有效）	64（52）	24	16QAM	1/2
导频数目	4	36	16QAM	3/4
子载波间隔	312.5kHz	48	64QAM	2/3
保护间隔（CP）	0.4μs	54	64QAM	3/4
IFFT/FFT 时长	3.2μs	注：CP 为循环冗余前缀		
OFDM 符号周期	3.6μs			

5.6　调制信号的传输特性分析

无论在数字微波通信系统中，还是在卫星通信系统中，都需要将基带信号调制到相应的频带带宽之内，因此数字调制信号所占带宽以及频带利用率等参数是非常重要的。不同的调制方式，由于调制解调原理不同，因而所获得的已调信号所占的带宽也不同。

对 MQAM 以及 MPSK 这类多电平数字调制系统而言，每个码元所采用的比特数为 $\log_2 M$，如果基带信号速率为 f_b（bit/s），且基带成型采用带有滚降特性的滤波器（滚降系数为 α，一般的 $0.15<\alpha<0.5$），那么调制信号的符号速率（调制速率）为

$$f_s = \frac{f_b}{\log_2 M} \text{（sym/s）} \tag{5-16}$$

而调制信号的所需带宽为

$$B = f_s \cdot (1+\alpha) \text{（Hz）} \tag{5-17}$$

频带利用率是输入基带信号的比特率与信道占用带宽的比值，即

$$\eta = \frac{f_b}{B} = \frac{\log_2 M}{1+\alpha} \text{ (bit)} \tag{5-18}$$

由上面的计算可知，在使用相同的滚降特性滤波器和相同的基带信号比特速率的情况下，MPSK 调制信号与 MQAM 调制信号的占用频带宽度以及频带利用率相同，而且 M 越大，频带利用率也越高。

在模拟系统中一般用信噪比（SNR）来衡量系统的性能，即

$$\text{SNR} = \frac{C}{N} \tag{5-19}$$

式中：C 为信号的平均功率；N 为噪声的平均功率。

而在数字系统中可以通过一定的换算关系来得到该值，即

$$\text{SNR} = \frac{C}{N} = \frac{E_b R_b}{n_0 B} = \frac{R_b}{B} \cdot \frac{E_b}{n_0} \tag{5-20}$$

式中：E_b 为单位比特的平均能量；n_0 为噪声的单边功率谱密度；B 为占用带宽；R_b 为基带数字信号比特率；N 为噪声的平均功率，且 $N=n_0 B$；C 为信号的平均功率，且 $C=E_b R_b$，$\frac{E_b}{n_0}$ 单位为 dB/bit。

 本章要点

1．现代卫星通信为防止频谱扩散提出了频谱较窄的 MSK、GMSK、OQPSK 等方式，来取代传统的 FSK、QPSK 等方式；为了增加符号利用率，采用了每符号比特数更多的 QAM 方式；为了增加带宽利用率并增强抗衰落能力，采用了正交多载波的 OFDM 调制方式。

2．所谓数字调相或 PSK 方式，是恒包络调制的一种，是用数字基带信号对载波相位进行控制，在基带码元变化时，会产生相位突变。

3．BPSK 绝对调相原理及电路，解调电路原理。

4．OQPSK 的优点是是包络起伏比频带受限的 QPSK 调制信号小，经限幅放大后频带展宽的少。

5．FSK 调制在低、中速数据传输中，特别是在衰落信道中传输数据时，有着广泛的应用。FSK 调制的缺点是占用频带较宽，频带利用不够经济。

6．为了平滑频率转换点附近的连续相位，提高 MSK 调制技术的频谱性能，人们在它的基础上又研究出了一种高斯最小频移键控调制方式——GMSK 方式，即在 MSK 调制器前加上一个高斯型低通滤波器对数据进行处理。

7．由 16QAM 已调波矢量星座图可以看出，16QAM 的 16 个已调波矢量端点不在一个圆上，点间距离较远，解调时，区分相邻已调波矢量容易，故误码率较低。

8．对 MQAM 及 MPSK 这类多电平数字调制系统而言，每个码元所采用的比特数为 $\log_2 M$，如果基带信号速率为 f_b（bit/s），且基带成型采用带有滚降特性的滤波器（滚降系数为 α），那么调制信号的符号速率（调制速率）为 $f_s = f_b / \log_2 M$（sym/s）；而调制信号的所需带宽为 $B = f_s \cdot (1+\alpha)$（Hz）。

习　题

1．现代卫星通信常用的数字信号调制方式都有哪些？

2．BPSK 相干解调电路的原理怎样？

3．同 BPSK 和 QPSK 相比较 OQPSK 的好处是什么？

4．与相同 M 数的 QPSK 相比较 QAM 调制的好处是什么？

5．GMSK 方式对于 MSK 有哪些改进？好处是什么？

6．OFDM 调制方式是如何将 FFT（DFT）应用到其中的？

7．某数字卫星通信链路接收的$[C/N_0]$是 86.5dBHz，数据速率为 50Mbit/s，计算链路的$[E_b/N_0]$值？

第6章

卫星通信中差错控制编码技术

本章核心内容

- 信源编码和信道编码
- 卫星通信中常用的信道编码形式
- 各种信道编码的特点
- 交织技术的应用

卫星通信系统主要用于远距离传送数据，但由于衰减噪声和干扰等的影响，信号在传输过程中将产生畸变。如果要保证通信质量，就需要增大信噪比或 E_b/N_0。但是，一般的卫星通信都是功率受限的，对于要求越来越高的卫星通信系统，高的信号传输率和低的误码率就成为衡量系统好坏的标准。因此必须使用相应的信道编码进行检错和纠错，以降低系统的误码率。

6.1 信源编码与信道编码

数字基带信号的编码方式分为信源编码和信道编码两种，两种编码方式通过不同的方式提高了系统的抗干扰能力。信源编码通过降低信息的冗余度，在压缩传输总量的基础上降低了受到干扰的风险。而信道编码通过增加信息的冗余度，通过一定的编码算法，使增加的冗余部分能够检出或纠正信号干扰产生的错误。

思考题：信源编码中最常用的编码方式是脉冲编码调制方式（PCM 编码），请结合 PCM 编码的原理计算一首双声道、5min 左右的 CD 歌曲在计算机中的存储空间大概是多少？

6.2 卫星通信中常用的信道编码方式

6.2.1 差错控制编码的发展

香农信道编码定理指出，任意的噪声信道都具有确定的信道容量 C，对任何小于 C 的码速率 R，存在一种编码方式，可以使得错误概率 p 任意小。虽然香农信道编码定理只是一个存在性定理，未给出达到香农极限编码的具体方法，却为研究高效的信道编码技术指明了方向。从本质上说，信道编码的最终目标就是以尽可能小的代价（编码冗余、译码复杂度）实现更高的编码增益。研究信道编码的意义就在于：在保持一定信息传输速率的条件下，通过编译码来降低误码率以实现可靠通信，并且要求译码器尽可能简单。

在数字通信系统中利用信道编码进行差错控制的方式主要有三种：反馈重传方式（ARQ）、前向纠错方式（FEC）和混合纠错方式（HEC）。

卫星通信区别于地面无线通信的一个明显特点是卫星通信系统的端到端之间存在很大的链路传播延时。在这样的条件下，采用反馈重传和混合纠错方式虽然可以在一定程度上简化编译码设备，降低收发两端的设备复杂度，但由于同时需要反馈信道的存在，所以将它们应用于卫星通信时会出现以下几个问题。

（1）当信道干扰较严重时，系统经常处于重发消息的状态，而由于卫星通信信道的延时较长，利用反馈确认的传输机制会导致系统传送信息的连贯性和实时性较差，不适用于对实时性要求高的业务（如话音等实时业务）。

（2）由于反馈信道的存在，当用户数较多或者信道质量较差时，引起反馈信道的流量急剧增大，从而容易引起拥塞，导致网络吞吐量下降。

（3）反馈重传和混合纠错方式一般较适合点对点的通信，不利于系统内存在大量广播业务的情况。

前向纠错方式在采用合适的信道编码方案后，可以用尽可能小的编码冗余获得优良的差错控制性能，同时避免星上设备过于复杂。因此，在卫星通信中，公认较好的差错控制方式是前向纠错方式。以下介绍的信道编码方案均采用前向纠错的差错控制方式。

卫星通信系统以很远的距离传送数据，由于衰落、噪声和干扰等影响，信号在传输过程中将产生严重的畸变，这就要求信号应具有尽可能大的能量。但是，由于卫星平台体积和载重等限制，不可能给信号提供太大的能量，这样就要求采用具有很强纠错能力的信道编译码技术以保证信道误码率在允许的范围之内。若卫星信道的带宽不充足，仅允许系统以较低的码速率传输数据。那么数据之间的符号干扰可以忽略，信道引入的加性噪声和干扰可以用高斯白噪声来模拟，并且这种噪声在符号之间是相互独立的。所以，卫星信道基本上是无记忆高斯白噪声信道（AWGN）。由于编码理论的研究就是建立在加性高斯白噪声信道的基础上的，因此，卫星通信为各种信道编码技术的实践提供了平台，同时也对各种信道编码技术不断提出新的要求。

卫星通信中信道编码技术的发展同样遵循着信道编码理论的发展历程。1948年信息论的奠基人香农发表被视为信道编码理论基石的经典论文“通信中的数学理论”以来，信道编码理论已经经历了半个多世纪的发展，学者们通常将这 60 年的时间划分为两个典型的时期：一是以代数编码理论为基础的阶段，在这段时间里信道编码理论从无到有，以代数方法特别是有限域理论为基础的线性分组码理论日趋成熟，为信道编码的使用打下了坚实基础，出现了 Hamming 码、Golay 码、RM 码、BCH 码、RS 码以及基于代数几何学的 Goppa 码；二是基于香农随机编码理论的思想，衍生出以软判决为代表的概率编译码方法，这一类编码技术主要包括卷积码、乘积码、级联码、TCM 技术以及日渐成为主流的 Turbo 码和 LDPC 码等现代编码技术。

针对某种通信系统，在选择信道编码方式的时候要注意以下原则。

（1）信道编码的纠错能力；

（2）信道编码的冗余度，即编码效率；

（3）信道编码的实时性，即运算速度；

（4）编译码的复杂度。

6.2.2　码距与纠错能力

码距是指两个码组相异或后码字中非零码的数目。例如一个码组为“0101”，另一个码组为“0011”，那么这两个码组之间的码距等于 2。在一种编码中，可以存在许多码组，任意两个许用码组之间的最小距离称为汉明距离，用符号 $d_{\min}$ 表示。

编码的纠错和检错能力由汉明距离决定，通常存在下列情况。

（1）若要求检测 e 个错码，则 $d_{\min}$ 应满足 $d_{\min} \geqslant e+1$；

（2）若要求能够纠正 t 个错码，则 $d_{\min}$ 应满足 $d_{\min} \geqslant 2t+1$；

（3）若要求能够纠正 t 个错码，同时检测 e 个错码，则 $d_{\min}$ 应满足 $d_{\min} \geqslant e+t+1$；但总有 $t \leqslant e$。

6.2.3　卫星通信中常用的信道编码方式

随着编码理论的进步，各种先进的卫星信道编码方案也在不断地接近香农信道容量极限。

对于时延较大、实时性较高的卫星通信而言，几乎都使用前向纠错的差错控制方式，在此方式下所使用的纠错编码有多种。例如：能够纠正随机错误的循环码、BCH 码、RS 码、Turbo 码和卷积码等；能够帮助纠正突发性错误的交织技术；能够在频率受限的有扰信道中高速稳定传输的格型编码调制（TCM）技术。

6.3　循环码

6.3.1　循环码的概念

循环码是一种线性分组码，即在一个码组中，其信息位和监督位之间的关系可用线性方程表示，而且其中任意两码组之和仍为这种码组中的一个码组，除去具有线性分组码的性质外，还具有循环性，即循环码中的任何一个许用码组，经过循环移位后所得到的码组仍为它的一个许用码组。表 6-1 中给出了一种（7,3）循环码的全部码组，从中可以观察到其循环特性。循环码码长为 $n=k+r$，其中 k 为信息位长度，r 为监督位长度。

表 6-1　某（7,3）循环码的全部码组

码组编号	信息位 $a_6\ a_5\ a_4$	监督位 $a_3\ a_2\ a_1\ a_0$
1	0 0 0	0 0 0 0
2	0 0 1	0 1 1 1
3	0 1 0	1 1 1 0
4	0 1 1	1 0 0 1
5	1 0 0	1 0 1 1
6	1 0 1	1 1 0 0
7	1 1 0	0 1 0 1
8	1 1 1	0 0 1 0

6.3.2　循环码的生成

为了便于分析，常引入代数理论来研究循环码，即用多项式来表示码组，这个多项式称为码多项式 $A(x)$。而这些码多项式中，x^n+1 的最高幂次为 r 阶的多项式可以是该码组的生成多项式。

对于（7,3）循环码，码多项式为 $A(x)=a_6x^6+a_5x^5+\cdots+a_1x+a_0$，最高幂次为 r=4 次的多项式可以为 x^4+x^2+x+1 或 $x^4+x^3+x^2+1$，可见生成多项式并不唯一。

生成多项式的意义在于可以用来产生循环码的生成矩阵，即

$$\boldsymbol{G}(x)=\begin{bmatrix} x^{k-1}g(x) \\ x^{k-2}g(x) \\ \vdots \\ xg(x) \\ g(x) \end{bmatrix} \tag{6-1}$$

生成矩阵获得之后，就可以利用其获得信息码字的监督码，进而获得整个码组。整个码组$[a_{n-1}, a_{n-2},\cdots, a_1, a_0]$与所采用的生成矩阵 G 以及信息码$[a_{n-1}, a_{n-2},\cdots, a_{n-k}]$之间的关系为

$$[a_{n-1},a_{n-2},\cdots,a_1,a_0]=[a_{n-1},a_{n-2},\cdots,a_{n-k}]\cdot\boldsymbol{G} \tag{6-2}$$

【例】求出（7,3）循环码的一个生成多项式 $g(x)$；并求以其中之一为生成多项式的（7,3）循环码的生成矩阵，信息码若为[101]时，求整个码组。

解：若要求生成多项式，首先要对 x^7+1 进行因式分解，即

$$x^7+1=(x+1)(x^3+x^2+1)(x^3+x+1)$$

为了求出生成多项式，就要从上式分离出一个 r=4 阶的因式，这样的因式有两个：x^4+x^2+x+1 和 x^4+x^3+x+1，以上两者都可以作为其生成多项式 $g(x)$。

若设其生成多项式为 x^4+x^2+x+1，利用式（6-1）可得到其生成矩阵为

$$
\boldsymbol{G}(x)=\begin{bmatrix} x^{k-1}g(x) \\ x^{k-2}g(x) \\ \vdots \\ xg(x) \\ g(x) \end{bmatrix}=\begin{bmatrix} x^2g(x) \\ xg(x) \\ g(x) \end{bmatrix}=\begin{bmatrix} x^6+x^4+x^3+x^2 \\ x^5+x^3+x^2+x \\ x^4+x^2+x+1 \end{bmatrix}
$$

写成行列式的形式，则有

$$
\boldsymbol{G}=\begin{bmatrix} 101 & 1100 \\ 010 & 1110 \\ 001 & 0111 \end{bmatrix}
$$

由此可见，这是一个非典型的矩阵，经过行列变换可得到生成矩阵的典型形式为

$$
\boldsymbol{G}=\begin{bmatrix} 100 & 1011 \\ 010 & 1110 \\ 001 & 0111 \end{bmatrix}
$$

整个码组可表示为

$$
\left[a_6a_5a_4a_3a_2a_1\right]=\left[a_6a_5a_4\right]\cdot\boldsymbol{G}=[101]\cdot\begin{bmatrix} 1001011 \\ 0101110 \\ 0010111 \end{bmatrix}=[1011100]
$$

6.4　BCH 码

BCH 码是由 R. C. Bose、D. K. Chaudhuri 和 A. Hocquenghem 三人首先提出的一类循环码，这一类码具有较强的纠错能力。特别是它将多项式的特性与码字的纠错能力联系起来，使设计者可以根据需要选择码字。

6.4.1　BCH 码

BCH 码是纠多重随机错误的一类循环码，它由移位寄存器产生，其参数为：移位寄存器长度 m；分组长度 $n=2^m-1$（$m\geqslant 3$）；可纠错误数 t；监督位数 $n-k\leqslant mt$；最小距离 $d_{\min}\geqslant 2t+1$。

BCH 码提供了一大类容易构造的任意分组长度和效率的码。它在码参数的选择上有灵活性，而且码长为几百或小一点的码也属于同码长和同效率中最好的已知码。在 INTELSAT TDMA/DSI 系统中就使用（127,112）BCH 码，其效率为 $\eta=112/127=7/8$，它能纠正两个错误比特并能检测三个错误比特。

6.4.2　RS 码

RS 码(Reed-Solomon Code)是 BCH 码的一个重要的子类，其参数为：每符号 $m$bit；分组长度 $n=2^m-1$；监督符号数 $n-k=2t$；最小距离 $d_{\min}=2t+1$；可纠错误符号数为 t。RS 码非常适合纠正突发错误，并常用做级联码中的外码。

6.4.3 级联码

在卫星通信中，有两种使用较为广泛的信道编码方案：串行级联码和 Turbo 码。1966 年，Forney 首先提出利用两个短码串接构成串行级联码。其典型形式是内码采用较简单的卷积码，外码则采用较复杂的 RS 码，其纠错能力亦为两者串联乘积，内码纠正组内（字节）随机错误，外码则纠正内码不能纠正的字节内、外随机与突发错误。两者之间采用交织技术连接。

级联码的总传输率、总约束长度和总最小距离分别等于内码与外码各自的传输率、约束长度和最小距离的乘积，而系统的复杂度却比相应的单一码降低了很多。串行级联编码在卫星通信中得到了较为广泛的应用，特别是早期的各种卫星和空间探测器均采用了这种体制，不仅能获得极低的误码率，而且与具有相同性能的其他码相比，译码设备也相对较为简单。

> 思考题：采用串行级联码和交织技术，为什么能够消除信道中的随机错误和突发错误？

串行级联编码不仅能够获得极低的误码率，而且与具有相同性能的单一码相比，译码设备也比较简单。通常选择分组码和卷积码作为串行级联码的内码和外码编码方式，并且在内外码之间采用交织器克服突发错误的影响，将突发错误随机分布到编码比特流中去，以提高系统的抗突发错误能力。与具有相同性能的分组码或卷积码编码方法相比，串行级联编码能获得更低的误码率，而且译码设备也比较简单。对于不同的串行级联编码方案，影响其性能的因素主要有内码和外码编码方式的选择以及内外码之间的交织方式的不同。以下分别介绍两种具有代表性的串行级联编码方式。

1. RS–卷积级联编码

图 6-1 所示为一种卫星 ATM 网络中采用 RS-卷积码级联的信道编码方案。该方案针对卫星 ATM 信元采用 RS（255,251）码的缩短码 RS（57,53）码作为外码，内码采用 Viterbi 译码的（2,1,7）卷积码，在外码和内码之间以字节为单位进行交织深度等于 4 的分组交织。

该方案的编码效率为两码效率的乘积为 0.465，在 AWGN 信道上误比特率为 10^{-5} 时编码增益约等于 7dB。但是由于该方案交织器是按照符号进行交织，并没有针对信元头和信息进行分开保护，所以对于发生在信元头的突发错误抵抗力不强。

通用 ATM 卫星接口互用性规范（CASI）是一种改进的 RS-卷积级联编码方案。该方案在 CASI 帧之间对全部数据进行分组比特交织，内码为卷积码，外码为 RS 码，并且冗余量根据信道质量进行实时动态调整。CASI 方案动态调整外码冗余量的过程如下（假设 A、B 进行通信）：每个 CASI 帧为一个 RS 码块；每 8 个 CASI 帧组成一个 CASI 复帧；每个复帧内各个帧的外码 RS 码冗余量是相同的。A 通过 CASI 帧的开销比特通知 B 下一个发往 B 的复帧的 RS 冗余量。B 按照 A 的说明进行译码，同时记录译码器判断出本帧内的错误符号数，并通过发往 A 的 CASI 帧的开销比特回馈给 A，A 由此得知 A、B 间信道传输质量，并对下一个发往 B 的复帧的 RS 冗余量进行动态调整。由此可知，这种方案需要通信双方是交互式的。CASI 方案的优点在于实时地根据信道的传输质量对外码冗余量及交织深度等参数进行调整，这样可以在保证一定服务质量的基础上提高信道的利用率、减小系统的编译码延时。

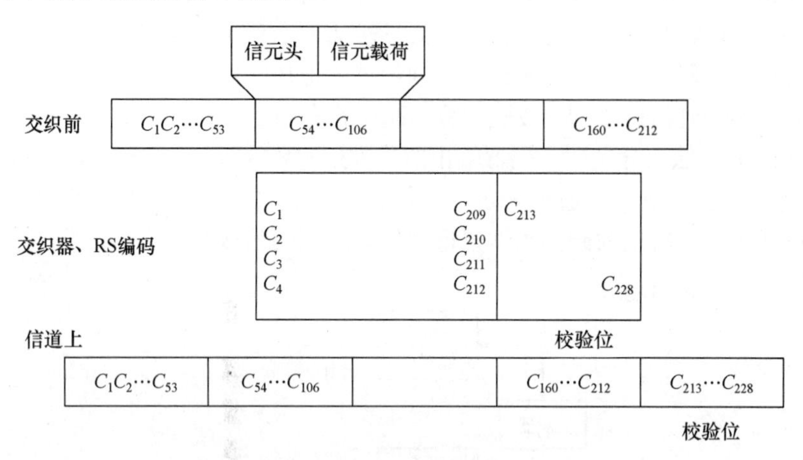

图 6-1 RS-卷积码级联编码方案

2. RS-RS 级联编码方案

RS-RS 级联方案为内码和外码均采用 RS 码的级联方案，如图 6-2 所示。这种方案除了对 ATM 信元的前四个字节（不包括 HEC 字节）进行外码 RS（14,8）编码之外，还把 ATM 信元的其他数据看作连续的比特流，统一进行内码编码。

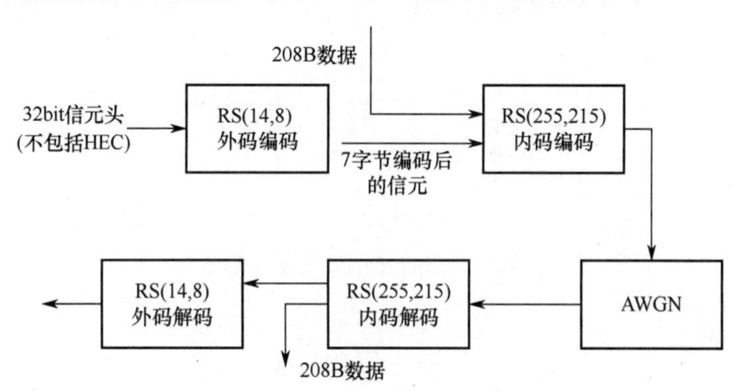

图 6-2 RS-RS 级联方案

这种方案的优点在于，由于不采用卷积码作为内码，可以忽略突发误码的影响，不需要设置交织与解交织器，因而系统的延时大大减小。另外，在保证 QoS 要求的基础上与其他方案相比码率更高。这种方案的缺点在于需要保证数据的大量连续性，而且不利于 ATM 协议的灵活操作。另外，与通用的卫星调制解调器标准区别过大也是这种方案取得应用的一大障碍。

6.4.4 Turbo码

Turbo 码又称为并行级联卷积码，由两个或多个并行的分量卷积码通过交织器级联而成，综合了最大后验概率（MAP）译码算法和迭代译码思想，从而近似地实现了香农定理随机编译码条件，获得了接近香农极限的性能。

典型的Turbo码编译码器结构如图6-3所示。Turbo码编码器通常采用短约束长度的递归系统卷积码（RSC）作为分量码，信息序列 $\boldsymbol{u}$ 首先经过分量编码器1输出编码比特序列 $\boldsymbol{x}$，同时分量编码器2对交织后的信息序列 $\boldsymbol{u}_1$ 进行编码得到 $\boldsymbol{x}'$，并与 $\boldsymbol{x}$ 经过并串转换和删余后合成编码比特流，编码比特序列经过信道传输后由 Turbo 码译码器接收并通过串并转换分别得到信息序列、校验序列1和校验序列2。Turbo码译码器采用迭代译码的软判决 SISO 算法，分量码译码器输出的外部信息作为另一个译码器的先验信息在两个译码器之间反复传递，并通过一定的收敛性和迭代译码停止准则控制译码过程的结束，由分量译码器2输出的硬判决结果得到信息序列的估计值。

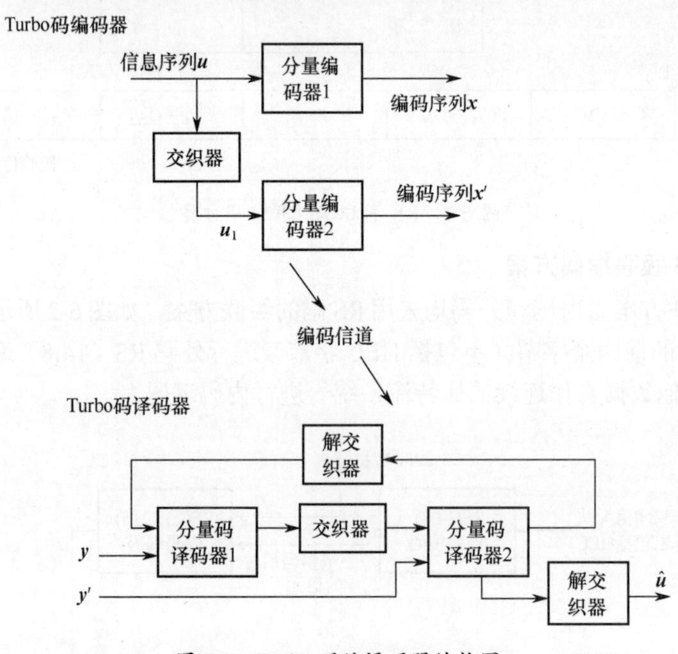

图6-3　Turbo码编译码器结构图

6.5　卷积码

为了达到一定的纠错能力和编码效率，分组码的码组长度 n 通常比较大，编译码时必须把整个信息码组存储起来，由此产生的延时随着 n 的增加而线性增加。为了减少这个延迟，人们提出了各种解决方案，其中卷积码就是一种较好的信道编码方式。卷积码是1955年由Elias提出的一类线性纠错码。这种编码方式同样是把 k 个信息比特编成 n 个比特，但 k 和 n 通常很小，特别适宜于以串行形式传输信息，减小了编码延时。

由于在卷积码的编码过程中，充分利用了各码段之间的相关性，在与分组码同样的码率和设备复杂性条件下，无论从理论上还是实际上都已经证明卷积码的性能要优于分组码，且实现最佳译码和准最佳译码也较分组码容易。卷积码编码时，本组的校验元不仅与本组的信息元有关，而且还与以前若干时刻输入至编码器的信息组有关。由于卷积码各组之间的这种相关性，在分析过程中，至今还没有找到有效的数学工具和系统的理论，把纠错性能与码的结构十分有规律地联系起来，往往通过对参数的遍历性来穷举搜索可用码。一般来说，码的约束长度越长，自由距离越大，纠错性能越好，但随着约束长度的增加，搜索复杂度指数级增加。因此，在实际应用中，卷积码的约束长度一般不超过 9。卷积码广泛应用于各种数字通信系统中。其中，卫星通信中信道编码部分也大量采用卷积码。

6.5.1　卷积编码基本原理

卷积码是由连续输入的信息序列得到连续输出的已编码序列。一个（n, k, m）卷积编码器，其中 k 为编码器输入数据的位数，n 为编码器输出数据的位数，m 表示约束长度，$R=k/n$ 表示编码速率（码率），它是衡量卷积码传输信息有效性的一个重要参数。卷积码把 k 个信息比特编成 n 个信息比特，但 k 和 n 通常都很小，延时也较小，因此特别适合于传输串行形式的信息。编码后的 n 个码元不但与当前段的 k 个信息有关，而且与前面 m 段的信息有关。

如果给定一个卷积码的生成多项式，就可以根据这个生成多项式将相应时刻输入的数据相异或（模 2 加），产生新的编码输出。图 6-4 所示为（2,1,8）卷积码编码器的基本结构。

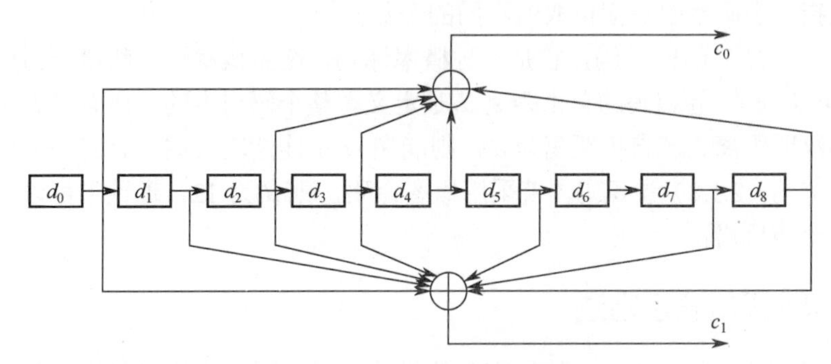

图 6-4　（2,1,8）卷积码编码器基本结构

图 6-4 中的寄存器 $d_0, d_1, d_2, d_3, d_4, d_5, d_6, d_7, d_8$ 分别存储不同时刻输入的数据，每来一个新的输入数据，这 8 个寄存器中的数据就依次右移 1 位。可以看出编码输出 c_1,c_0 是分别将一些相应时刻输入的值取出来相异或得到的。编码输出 c_1, c_0 与 $d_0, d_1, d_2, d_3, d_4, d_5, d_6, d_7, d_8$ 的关系分别为

$$c_1 = d_0 \oplus d_1 \oplus d_2 \oplus d_3 \oplus d_5 \oplus d_7 \oplus d_8 \tag{6-3}$$

$$c_0 = d_0 \oplus d_2 \oplus d_3 \oplus d_4 \oplus d_8 \tag{6-4}$$

如果将参与异或的位设为 1，不参与异或的位设为 0，那么对应于 c_0 可以得到一个二进制码字 101110001，对应与 c_1 可以得到一个二进制码字 111101011。这两个二进制码字用八进制表示就是 561，753。这就是卷积码的生成码字，只要生成码字定了，该卷积码的码型也就选定了。通常，在很多资料文献中，生成码字还可用时延算子来表示，即

$$G_1(D) = 1 + D + D^2 + D^3 + D^5 + D^7 + D^8 \tag{6-5}$$

$$G_0(D) = 1 + D^2 + D^3 + D^4 + D^8 \tag{6-6}$$

式中：D 为时延算子，D 的幂表示延迟时间单元数，如果 D 表示延迟 1bit，即上个时刻输入码元；D^2 表示延迟 2bit，即上两个时刻输入码元；以此类推。

假设输入码元序列 u 为 10111001……，用时延算子表示为

$$U(D) = 1 + D^2 + D^3 + D^4 + D^7 + \cdots \tag{6-7}$$

则输出编码序列也可用时延算子表示为

$$C_1(D) = U(D)G_1(D) \tag{6-8}$$

$$C_0(D) = U(D)G_0(D) \tag{6-9}$$

根据 $C_1(D)$, $C_0(D)$的时延算子表达式，即可求出编码输出序列 c_1,c_0。

可以证明，在 $C_1(D)= U(D)G_1(D)$和 $C_0(D)= U(D)G_0(D)$与时域运算 $c_1=u*g_1$ 和 $c_0=u*g_0$ 是等效的，*代表卷积运算，编码输出序列 c_1，而 c_0 是输入信息序列 u 与编码器生成多项式 g 的卷积，这就是卷积编码名称的由来。

而卷积码的生成码字的选择，往往需要首先确定码率，然后借助计算机来搜索性能最好的码。如（2,1,8）卷积码的码字就是 561,753。

6.5.2 卷积编码的纠错性能

衡量卷积码的纠错性能可以用它的距离特性来描述。由于卷积码的纠错能力与它所采用的译码方法有很大关系，因此不同的译码方法就有不同的距离量度。在编解码理论中，距离是指两个码字中对应位取值不同的个数。

若译码方式是 Viterbi 译码，它是一种概率译码，衡量概率译码纠错能力用自由距离 d_f描述。（n, k, m） 卷积码的自由距离 d_f是定义在整个码树上的，所有半无限长码序列之间的最小汉明距离。若自由距离为 d_f，则能在 m+1 连续段内纠正 $t \leqslant (d_f-1)/2$ 个随机错误。本书所选的（2,1,8）卷积码，若采用概率译码，则 d_f为 12，理论上可以在 9 个连续段内纠正 5 个随机错误。

6.5.3 卷积编码的表示方法

卷积编码有几种表示方法，比较直观的是编码网格图、树状图和状态图。以（2,1,2）卷积码为例，将输入的最近两个时刻的数据作为状态，按时间 t 展开，对应每个状态指出去的上支路表示最新输入数据为 0，下支路表示最新输入数据为 1，则编码过程的网格图如图 6-5 所示。同样按时间展开，还可生成 m=2，k=1 卷积码的树状图，如图 6-6 所示。

状态图法是对编码寄存器做相应的状态标定，然后讨论编码规则的方法。图 6-7 所示为（2,1,2）卷积码的状态图。在图 6-7 中，寄存器的内容按照从右向左的顺序所代表的二进制数的大小作为状态标号的下标，因为（2,1,2）卷积码所使用的寄存器总的状态数为 2^2=4 种，其状态标号为 S_0=00，S_1=10，S_2=01，S_3=11。其中，等式右边是寄存器内容，左边是状态标号。由于每次的输入有两种可能（0 或者 1），因此每次更新后的状态和编码输出可能也只有两个。在图 6-7 中，各状态之间的连线与箭头表示状态转移方向，分支上的数字表示状态转移时相应的编码输出（码字），而括号内的数字表示相应

的输入信息。假设初始状态为 S_0（00），若输入信息为 1，则输出码子为 11，下一时刻的状态为 S_1（10）；若输入信息为 0，则输出码子 00，下一时刻的状态仍为 S_0（00）。

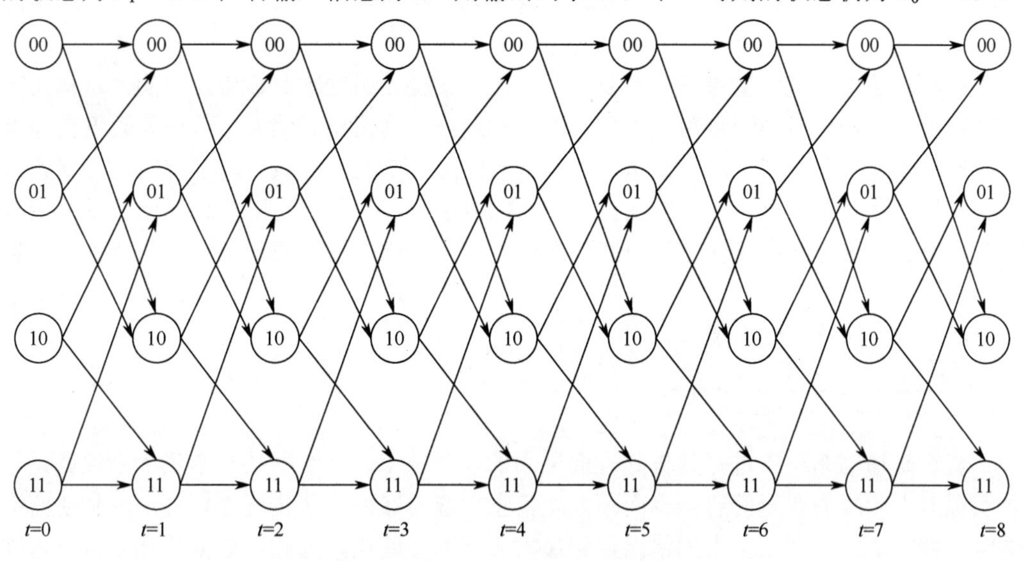

图 6-5 （2,1,2）卷积码编码网格图

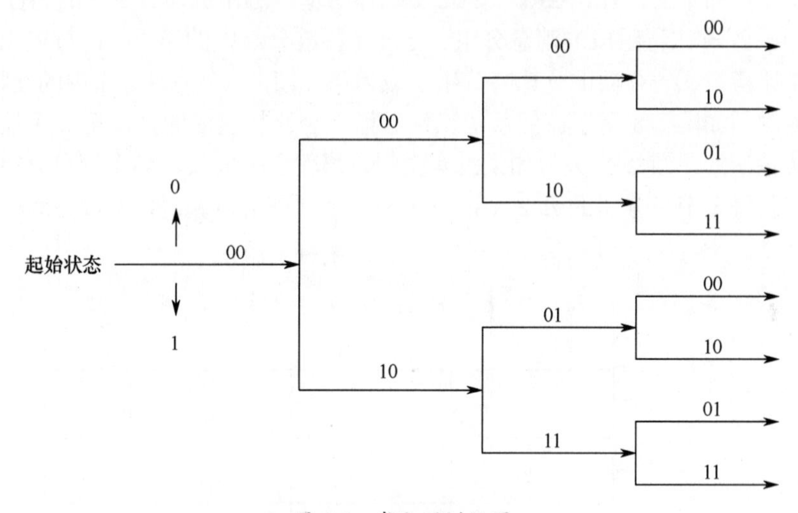

图 6-6　卷积码树状图

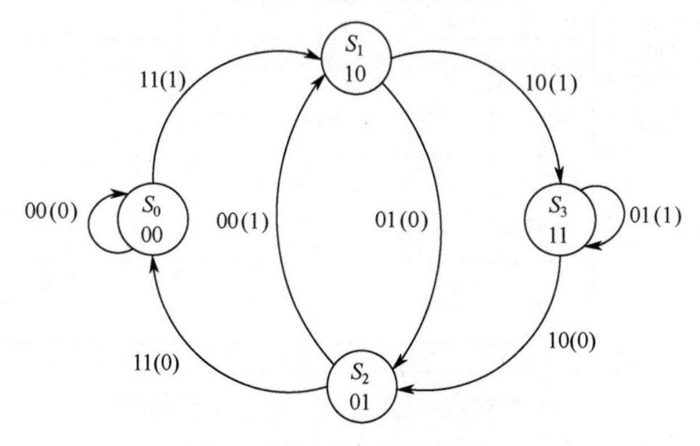

图 6-7　卷积码状态图

6.6 交织技术

在移动通信以及卫星通信这种复杂信道上，比特差错经常是成串发生的，这称为突发性错误，持续较长的深衰落谷点会影响到相继一串的比特。然而，信道编码仅在检测和纠正单个差错和不太长的差错串时才有效，即随机错误才有效。为了解决这一问题，希望能找到把一条消息中的相继比特分散开的方法，即一条消息中的相继比特以非相继方式被发送。这样，在传输过程中即使发生了成串差错，恢复成一条相继比特串的消息时，差错也就变成单个（或长度很短），这时再用信道编码纠错功能纠正差错，恢复原消息，这种方法就是交织技术。

6.6.1 交织技术的基本原理

交织是通信系统中进行数据处理而采用的一种技术，交织器从其本质上来说就是一种实现最大限度的改变信息结构而不改变信息内容的器件。从传统上来讲，就是使信道传输过程中所突发产生集中的错误得到最大限度的分散化。因此，数据置乱器这个名称更加符合交织器的本质特征，会让人们对交织器的基本工作机理有更多的感性认识。

假设由一些 m 比特组成的消息分组，把 n 个相继分组中的第 1 个比特取出来，并让这 n 个第 1 比特组成一个新的 n 比特分组，成为第一帧，n 个消息分组中的比特 2～m，也作同样处理，如图 6-8 所示。然后依次传送第 1 个比特组成的帧，第 2 个比特组成的帧等。在传输期间，帧 2 丢失，如果没有交织，那就会丢失某一整个消息分组。但是采用了交织，仅每个消息分组的第 2 个比特丢失，再利用信道编码，全部分组中的消息仍

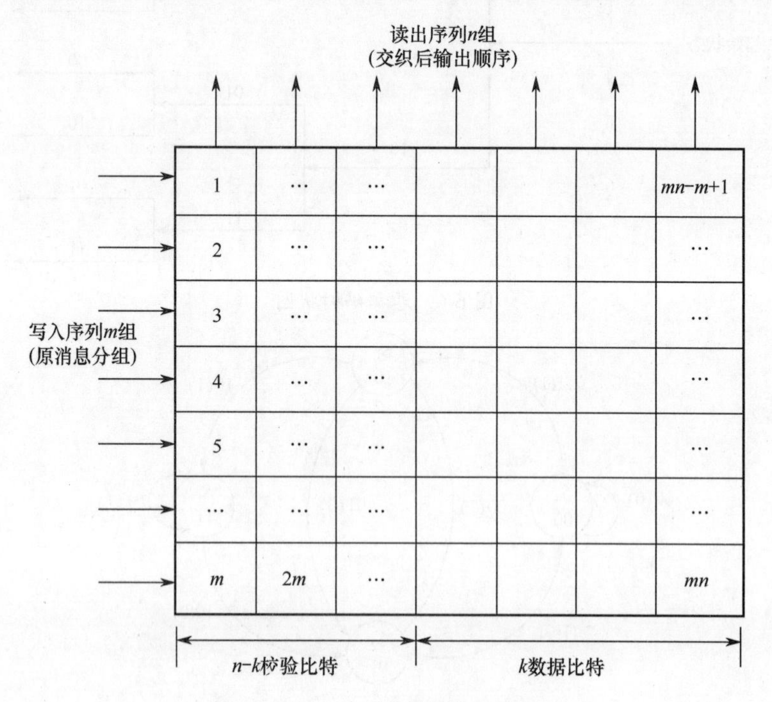

图 6-8 行入列出规则交织的示意图

能得以恢复，这就是交织技术的基本原理。概括地说，交织就是把码字的 b 比特分散到 n 个帧中，以改变比特间的邻近关系，因此 n 值越大，传输特性越好，但传输时延也越大，所以在实际使用中必须作折中考虑。

6.6.2　规则交织器

规则交织器是最早应用于信道编码中的，其实它就是通常所说的分组交织器，也就是行入列出或列入行出的交织器，从图 6-8 这个简单交织矩阵可以看出有多种交织方式的存在，然而这多种读法中虽然有许多在形式上不同，但就其本质来讲所表现的特性却是完全一致的。所以它们又可以归纳为有限的四种形式，用 L 代表左，R 代表右，T 代表上，B 代表下，则这四种交织器依次可以表示成：LR/TB，LR/BT，RL/TB ，RL/BT 。其中 LR 表示由左至右写入，TB 表示由上至下读出，其他的表示形式也依此类推。有文献对第二和第三种交织器进行了详细的比较，称为典型的分组交织器，最后推出第二种交织器比较好，但是此种交织方式对于奇数行乘以奇数列的方阵来说，会由于交织前后的不动点太多而使交织前后的相关性很大，而如果采用第一和第四种交织则效果会更好，这是由于用此交织方式在交织前后的不动点最多为 1 ，从而大大降低了信息之间的相关性。

6.6.3　不规则交织器

不规则交织器是由上面所提及的四种分组交织器演变而来的，目前，主要有对角交织器、螺旋交织器、奇偶交织器等形式。对角交织器和螺旋交织器都是采用行写入而对角读出的方式，两者不同是在于对角交织器是行写入然后从第一行的第一个元素开始以对角方式读出。而且螺旋交织器则是从最后一行的第一个元素开始以对角的方式读出。

6.6.4　随机交织器

随机交织器是最近刚刚兴起的一种交织器，也可以说它是随着 Turbo 码的产生而被日益广泛的应用起来的。顾名思义，随机交织器应该实现随机交织过程，但是当前实现的随机交织器大部分应该称为伪随机交织器。这是因为从 Turbo 码的编译码器结构可以看出，译码器的交织器是要与编码器的交织器相对应的。而分组交织器是以规则的顺序进行交织的，所以在收发两端可以通过一定的协议来确定交织器的工作方式。

在采用了随机交织器的 Turbo 码系统中，由于对于每一组信息序列所产生的交织后的结果是随机性的，而译码器则要求对每帧数据都要有相应的交织顺序。所以在传输编码序列的同时，在信道上还要传输交织器的信息，这不仅加大了译码器的复杂度，加大了信道负载。如果在中途交织器信息出现错误，则会使译码的误码增多，所以现在所采用的随机交织器都是伪随机的，是事先经过随机选择而生成的一种性能较好的交织方式，然后将其做成表的形式存储起来而进行读取的。

随机交织器的随机性能主要取决于随机数的产生方式、交织器主要参数、取值的选取等方面。现在主要有利用基于线性取余贝斯—拉姆洗牌技术以及对系统时钟进行随机抽样产生随机数的方法。

本章要点

1．在数字通信系统中利用信道编码进行差错控制的方式主要有三种：反馈重传方式（ARQ）、前向纠错方式（FEC）和混合纠错方式（HEC）。

2．编码的纠错和检错能力由汉明距离决定，通常存在下列情况。

（1）若要求检测 e 个错码，则 d_{min} 应满足 $d_{min} \geqslant e+1$；

（2）若要求能够纠正 t 个错码，则 d_{min} 应满足 $d_{min} \geqslant 2t+1$；

（3）若要求能够纠正 t 个错码，同时检测 e 个错码，则 d_{min} 应满足 $d_{min} \geqslant e+t+1$。

3．BCH 码是纠多重随机错误的一类循环码，它由移位寄存器产生，其特点是：移位寄存器长度 m；分组长度 $n=2^m-1$（$m \geqslant 3$）；可纠错误数 t；监督位数 $n-k \leqslant mt$；最小距离 $d_{min} \geqslant 2t+1$。

4．循环码是一种线性分组码，即在一个码组中，其信息位和监督位之间的关系可用线性方程表示，而且其中任意两码组之和仍为这种码组中的一个码组，除去具有线性分组码的性质外，还具有循环性，即循环码中的任何一个许用码组，经过循环移位后所得到的码组仍为它的一个许用码组。

5．RS 码是 BCH 码的一个重要的子类，其参数为：每符号 $m$bit；分组长度 $n=2^m-1$；监督符号数 $n-k=2t$；最小距离 $d_{min}=2t+1$；可纠错误符号数 t。RS 码非常适合纠正突发错误，并常用做级联码中的外码。

6．卷积码是由连续输入的信息序列得到连续输出的已编码序列。一个（n, k, m）卷积编码器，其中 k 为编码器输入数据的位数，n 为编码器输出数据的位数，m 表示约束长度，$R=k/n$ 表示编码速率（码率），它是衡量卷积码传输信息有效性的一个重要参数。卷积码把 k 个信息比特编成 n 个信息比特，但 k 和 n 通常都很小，延时也较小，因此特别适合于传输串行形式的信息。

7．交织技术可以用来纠正突发性错误，而一般的信道编码方式只适合用来纠正随机错误。

习　题

1．简述差错控制的基本概念和分类。卫星信道通常用哪种方式？为什么？

2．什么是检错什么是纠错？

3．写出（7,3）循环码的一个生成多项式，并计算信息码为 011 的循环码组。

4．什么是卷积码？简述其特点。

5．简述规则交织器的工作原理。

6．什么是串行级联码？相对于单一码来说，串行级联码有什么好处？常用的串行级联码有哪几种？

第7章

卫星通信中的多址接入方式

本章核心内容

- 多址接入与多址复用
- 各种多址方式的特点
- 随机多址

卫星上的一个转发器通道可以被来自地球站的一个发送信号全部占用，这种方式称为单址接入工作方式，这显然对于卫星资源造成浪费。更多的情况下，多个载波可以共用一个转发器，这些载波可能来自地理上相隔很远的许多地球站，每个地球站可能发射一个或多个载波，若它们同时以相同的方式接入卫星，则势必会在卫星上发生信号碰撞，造成这些信号都无法被正确地接收。因此，必须控制地球站对卫星的接入，使得不同地球站的发射信号不会在卫星上完全重叠（包括时间、频率、空间和编码等方面）。同时，又能让接收地球站能够从卫星转发下来的所有信号中识别出发给本站的信号，这种工作模式被称为多址接入方式。不同的控制策略构成了不同的多址接入方式。

此外，多址接入还可将一条信道，按照一定规则分配给用户，这就是信道分配技术。

7.1 多址接入与多址复用

多址接入（Multiple Access）是指多个地球站通过共用的卫星信道，同时建立各自的信道，从而实现各种地球站相互之间通信的一种方式。多址方式的出现，大大提高了卫星通信链路的利用率和通信连接的灵活性。多址接入是动态分配信道给用户，这时用户仅暂时性地占用信道，而所有的移动通信系统基本上都属于这种情况。同时，在信道永久性地分配给用户的应用中，多址接入是不需要的。

多址复用（Multiplex）是将单一媒介划分成很多子信道，这些子信道之间相互独立，互不干扰。多址复用本质上是系统的传输特征，而多址接入则属于系统的业务特征。可以说多址接入一定要多址复用，但是多址复用不一定要多址接入，也可以是单个发射台占用多个子信道，用于数据高速、大量传输。

思考题：复用与多址有怎样的区别和联系？

虽然多址接入与多址复用是两个不同的概念，但也有相似之处，因为两者都是研究和解决信道复用问题，即多个信号混合传输后如何加以区分的技术问题。它们在通信过程中都包括多个信号的复合（或混合）、复合信号在信道上的传输以及信号的分离（或分割）三个过程，如图 7-1 所示。不过多址复用是指多个信号在基带上进行复合和分离，其信号直接来自话音，所以区分信号和区分话路是一致的。而多址接入则是指多个地球站发射的信号，通过卫星在射频信道的复用问题，其信号来自不同的站址，所以区分信号和区分地址是一致的。

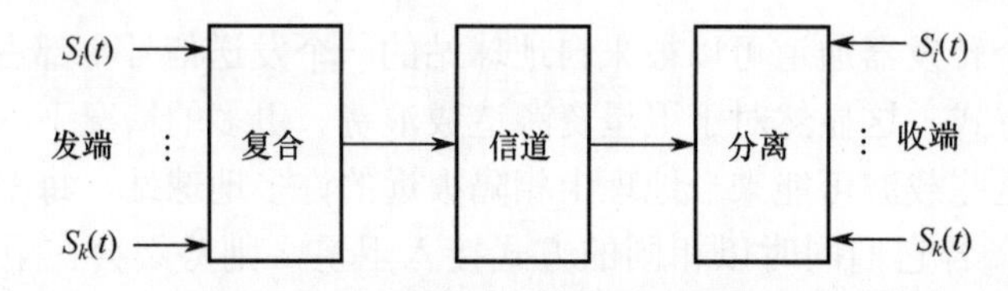

图 7-1 信号的复合和分离模型

设计一个良好的多址系统是一项复杂的工作。一般要考虑如下因素：容量要求、卫星频带的有效利用、卫星功率的有效利用、互联能力要求、对业务量和网络增长的自适应能力、处理各种不同业务的能力、技术与经济因素等。

多址接入方式和实现的技术是多种多样的。目前常用的多址方式有频分多址（FDMA）、时分多址（TDMA）、码分多址（CDMA）和空分多址（SDMA）以及它们的组合形式。此外，还有利用正交极化分割多址接入方式，即所谓频率再用技术。由于计算机与通信的结合，多址技术仍在发展。

7.2 频分多址方式

FDMA 接入方式频分多址是一种比较简单的多址接入方式，采用的系统技术和硬件与地面微波系统基本相同，因此，它是在卫星通信中最早使用的多址方式。

在 FDMA 中，分配的频带被分割为若干段，然后根据各站的业务状况分配相应的频率段。图 7-2 给出了 FDMA 卫星通信系统的基本工作模型。一组地球站发送的上行链路载波同时由一颗卫星转发到不同的下行链路地球站，每个上行链路载波在卫星可用频带内分配一定的带宽，卫星（认为采用透明转发器）只进行频率的变换，接收地球站通过将其接收机调谐到一个特定的下行链路频率，来接收相应上行链路地球站的发射载波。由于下行链路上同时存在许多载波，因此，接收地球站要进行滤波以便把真正发给本站的载波分辨出来，而把发给其他站的载波滤掉。为了保证滤波器在滤波过程中既能把相邻的其他站载波滤除掉（否则会引起邻道干扰），又不损伤本站应接收的信号，在 FDMA 方式中，通常在相邻载波之间都设置有一定的保护带。保护带大小除了与收发地球站载波频率的准确度和稳定度有关外，还与相邻信号之间的最大多普勒频移之差有关。

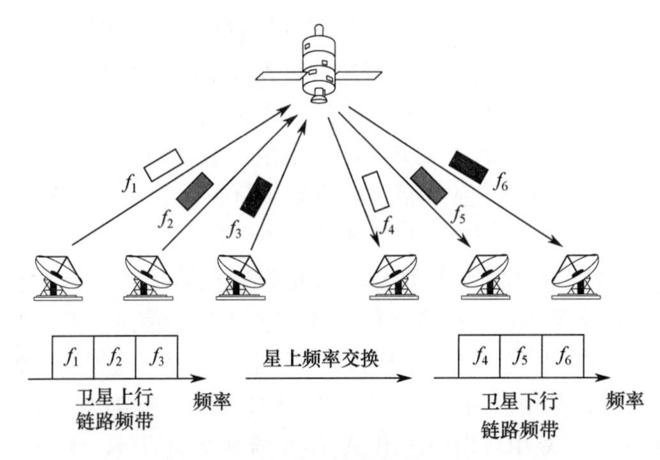

图 7-2　FDMA 系统模型

对于 FDMA 方式来说，设置的保护带应大于任何载波信号相对于其标称频率的最大漂移值。在固定卫星通信中，这个频率漂移值主要取决于地球站频率源的准确度和稳定度，而在卫星移动通信中，多普勒频移占据了主导地位。对于采用 GEO 卫星的系统，由于飞机运动造成的最大多普勒频移可在 2kHz 以上；而对于采用 MEO 或 LEO 等的非 GEO 卫星系统，其多普勒频移值更可高达几十千赫以上。对于信道速率通常较低的卫星移动通信系统来说，采用FDMA方式时设置足够宽的保护带会使系统的频带利用率大大下降。

在 FDMA 系统中，每个载波都是相对独立的，可以采用独立的调制方式、基带信号形式、编码方式、信息速率及占用带宽等，而不必考虑其他载波采用什么方式，只要它们在频谱上不与本载波重叠即可。根据每个地球站在其发送载波中是否采用复用技术，而将 FDMA 分为两大类：每载波多路信道的 FDMA（MCPC-FDMA）和每载波单路信道的 FDMA（SCPC-FDMA）。另外，在多波束环境中，通常采用卫星交换的 FDMA（SS-FDMA）以实现不同波束区内地球站之间的相互通信。

7.2.1　每载波多路信道的 FDMA

对于采用 MCPC-FDMA 方式的系统来说，接收地球站中的每个基带滤波器都对应于一个特定的发射地球站，信道容量的任何改变都要求对此滤波器进行重新调谐，比较难适应业务量的改变，因此，MCPC 使用不太灵活，主要用于业务量比较大、通信对象相对固定的点对点（或点对多点）干线通信。根据采用的基带信号类型，MCPC 还可进一步分为以下两种：

（1）FDM/FM/FDMA，是把多路模拟基带信号采用频分复用方式合路后，调频（FM）

到一个载波，然后以FDMA方式发射和接收。

（2）TDM/PSK/FDMA，是把多路数字基带信号用时分复用方式合路后，用PSK方式调制到一个载波，再以FDMA方式发射和接收。

以发送地球站A和接收地球站B为例，图7-3给出了采用FDM/FM/FDMA和TDM/PSK/FDMA方式的每载波多路信道的FDMA（MCPC-FDMA）方式的系统的工作原理图。

在图7-3中发送地球站A先把从地面通信网接收到的、分别去往地球站B、C和D的n路基带数据（或模拟信息）进行基带复用，得到按接收站归类复用的基带复用频谱，然后进行数字（模拟）调制、上变频后，在分配给A站的射频频谱B_A中发送出去。由于卫星是由许多站同时以FDMA方式共享的，卫星上通常同时存在许多个频谱互不重叠的载波，经过卫星合路、变频、放大后，转发到下行链路。因此，下行链路信号中同时存在许多条载波，为防止相互干扰，相邻载波之间设有一定的保护频带。接收地球站B通过调谐其射频滤波器中心频率，至地球站A的发射载波（对应于卫星合路后频谱中的频谱B_A部分）的中心频率上，来接收地球站A发给本站的信息。通过射频滤波和射频解调后，只有A站的发射信号送到数字（模拟）解调器，数字（模拟）解调后得到一个由A站发往B、C、D三站的基带复用信号，由于B站只接收属于自己的信号，为此，还需要一个基带滤波器来从基带复用频谱中滤出A站发给本站的信号，由于此基带频谱也是多路信号复用后的，所以，还需要一个基带去复用器把多路信号分开，之后各路基带信号才能独立送往地面通信网。以上便是两个地球站以MCPC-FDMA方式工作的过程。

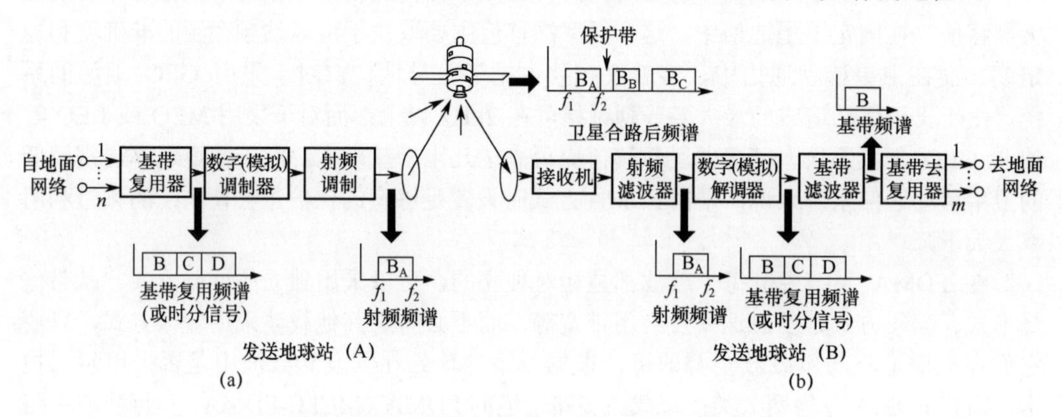

图7-3　MCPC-FDMA方式的系统的工作原理图

7.2.2　每载波单路信道的FDMA

对于业务量比较小的地球站（比如同时通信的路数最多只有几条甚至一条）来说，采用MCPC显然会造成频带的浪费，这时采用每载波单路信道的FDMA（SCPC-FDMA）方式是比较合适的。

在SCPC系统中，每个载波中只有一路信号。对比图7-3给出的MCPC工作原理图，SCPC工作过程的不同之处主要表现在没有基带复用、基带滤波和基带去复用三部分。在SCPC系统中，发射地球站为每路信号进行调制、变频、放大后以一条独立载波发射出去，接收地球站解调后就可交给地面通信网，接收站射频滤波器的工作原理与

MCPC 的是一样的。

由于 SCPC 方式主要用于稀路由应用环境（站多、每站业务量小），一个站的业务量很小，因此，若还像 MCPC 方式那样固定分配载波，则必然会造成频带利用率的下降。例如，若全网有 100 个站，并且任意两个站之间每天至少通信一次，则全网至少需要 $C_{100}^{2}=4950$ 条载波，而每条载波在每天可能只使用一次，显然，此系统的频带利用率太低。所以，SCPC 系统的信道分配不再像 MCPC 方式那样是固定的，而是按申请分配的，即用户有通信要求时才申请使用一条信道，使用完毕后再归还分配的信道。

SCPC 允许任何地球站之间直接通过卫星信道进行通信，网络扩展比较方便，其缺点是每路信道需要一个调制解调器（Modem），还需要保护频带。当一个地球站有多条信道但并不是同时工作时，其功放就不能工作在最大输出功率上，所以地面站的成本相对较高，设备利用率较低，对卫星转发器的频带利用率也较低。

7.2.3 卫星交换 FDMA

对于采用 FDMA 方式的多波束卫星移动通信系统来说，希望能在分别处于不同波束覆盖区内的地球站之间实现互联，实现这种互联有两种途径。

（1）在地面设立关口站，由关口站负责实现不同波束地球站信息之间的交换，此方式只要求卫星采用透明转发器，相对简单，但要求信号经历卫星的接收与再发送（两跳）。这种方式主要适用于采用 MEO、LEO 等非 GEO 卫星的系统，对于采用 GEO 卫星的系统来说，不能满足实时性业务对时延的要求。

（2）卫星具有交换功能，如果这种交换是在基带进行，那么卫星需要具有星上再生、基带处理和交换能力。这里要介绍的是一种在射频(RF)或中频(IF)实现不同 FDMA 载波之间的交换，即所谓的卫星交换 FDMA（SS-FDMA）。

图 7-4 给出了 SS-FDMA 的系统模型。在 SS-FDMA 系统中，通常存在多个上行链路波束和多个下行链路波束，各波束利用点波束天线收发信号，每个波束内均采用 FDMA 方式，各波束使用相同的频带（空分频率复用）。对于需要与其他波束内地球站进行通信的某个地球站来说，其上行链路发射载波必须要处在某个特定的频率上，以便转发器

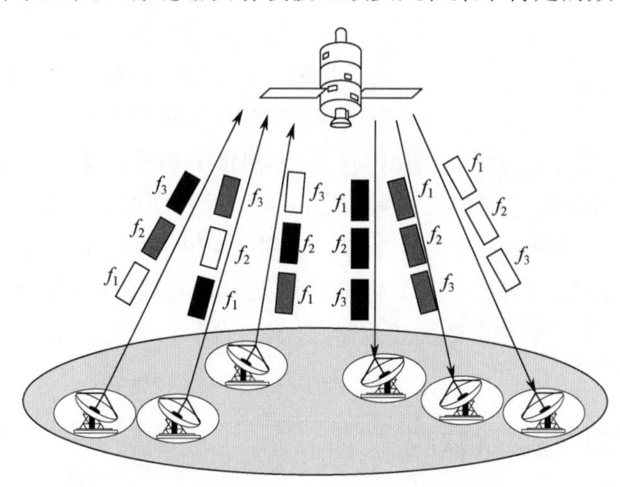

图 7-4 SS-FDMA 系统模型

能根据其载波频率选路到相应的下行链路波束上。换句话说，在 SS-FDMA 方式中，载波频率与需要去往的下行链路波束之间有特定的对应关系，转发器根据这种关系来实现不同波束内 FDMA 载波之间的交换。

图 7-5 给出了 SS-FDMA 卫星转发器方框图，图中以上行链路和下行链路均只有三个波束为例来说明。对于 SS-FDMA 来说，其星上交换是通过交换矩阵来实现的。对于每个上行链路载波，星上都有一个滤波器与之对应，去往某个下行链路地球站的上行链路载波都必须在星上，通过交换矩阵，被选路到覆盖该接收地球站的下行链路波束。

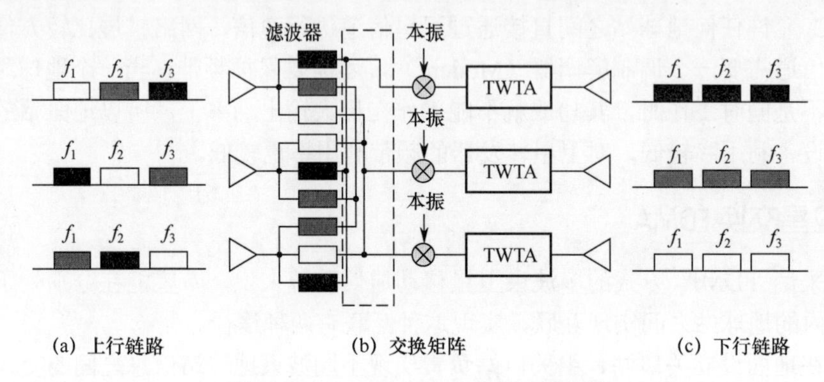

图 7-5 SS-FDMA 卫星转发器方框图

由图 7-4 和图 7-5 可以看到，每个波束使用相同的一组频率，要选路到某个特定下行链路波束的所有上行链路载波都需要在每个上行链路波束中分配一个专门的频带，此频带对于每个上行链路来说是不同的，上行链路波束依此来进行信道划分，星上滤波器据此进行设计并滤出每个独立的频带，二极管交换矩阵把每个滤出的频带连接到不同的下行链路。在不同的上行链路波束中，相同的频带去往不同的下行链路波束。这样，来自不同上行链路波束的相同频带就不会在同一个下行链路上重叠。对于需要去往的下行链路波束，一个上行链路地球站只需选择相应的频带即可。这样，任意波束中的每条上行链路在任何时候都可以连接到任一波束中任何下行链路地球站。

除了可以实现空分频率复用外，SS-FDMA 系统通过在每个星上滤波器中进行增益调整还可以对同一波束内的所有下行链路载波进行功率控制，从而避免大波束抑制小波束现象。对于 SS-FDMA 系统来说，由于其星上滤波器组和微波交换矩阵都是硬连接，这样其路由选择方式是固定的，这就导致其频率分配方案也必须是固定的，使得 SS-FDMA 系统无法适应业务量的变化，这是 SS-FDMA 方式的第一个缺点。第二个缺点是星上滤波器数随波束数和每波束内频带数的增加而线性增加，如果有 6 个点波束、每个波束内把所有可用频率划分为 6 个频带，那么总共需要 36 个星上滤波器。另外，还必须注意避免出现来自两个不同上行链路波束的相同频带同时出现在同一个下行链路上，从而造成串话，为此需要在滤波器之间进行隔离，而且二极管交换矩阵的泄漏必须很小。

7.2.4 FDMA 方式的主要优缺点

根据上面的介绍，对于 FDMA 方式，总结其优缺点如下。

FDMA 方式的优点主要包括：

（1）技术成熟、实现简单、成本较低；

（2）不需要网络定时；

（3）对每个载波采用的基带信号类型、调制方式、编码方式、载波信息速率及占用带宽等均没有限制。

FDMA 方式的缺点主要包括：

（1）由于转发器的非线性，多载波工作时会产生互调噪声。为减小互调噪声，要求转发器远离饱和区工作，这就无法充分利用卫星的功率资源，从而造成系统容量的下降。

（2）对于 MCPC-FDMA 方式，信道分配不灵活，业务较闲时，频带利用较低，大载波会对小载波产生“抑制”的现象。

（3）需要上行链路功率控制以维持所有链路的通信质量。

（4）需要设置足够宽的保护带，造成频带利用率下降。

7.2.5　FDMA 在卫星移动通信中的应用

在卫星移动通信中 FDMA 主要使用按申请分配的 SCPC 方式，而不采用 MCPC。通常使用极化频率复用和空分频率复用来提高系统容量，如将总可用频带（10～30MHz）均匀分配给 7 个点波束（相当于地面系统中的 7 个蜂窝小区），相邻波束不能使用相同的频率。信道带宽在 6～30kHz（典型值）之间。

由于频率稳定度不够高和多普勒频移的存在，使得卫星移动通信系统中必须要有足够的保护带，而信道带宽又较窄，因此 FDMA 方式的频带利用率较低，主要限于 GEO 系统。对于多普勒频移非常大的 LEO 系统，一般不使用 FDMA，而对于 MEO 系统可以考虑使用 FDMA 方式。

7.3　时分多址方式

TDMA 系统中，某个时刻转发器（或某一个频率段）中通常只有一条 TDMA 载波，每个上行链路地球站被分配在一个预先规定好的时间段内发送信号，在该时间段内，卫星的功率和频率资源均由该地球站发射的上行链路载波使用。由于没有其他载波在该时隙内同时使用卫星，因此不存在互调和大载波抑制小载波的现象，卫星的功放可以工作在饱和区，从而能得到最大的卫星输出功率。然而，由于 TDMA 系统中所有上行链路地球站的发射载波频率都是相同的，系统必须要让所有地球站在时间上同步，以便使每个站都只在指定时间段内发射，而不会因为误入其他时间段，造成相邻站之间的相互干扰，称此卫星和所有地球站之间的时间同步为网络同步。对于接收站来说，也需要网络同步以便在一个特定时隙内接收某给定上行链路地球站发送的信号。

TDMA 系统最主要的特点是，该系统中的所有地球站都只能在规定的时间段内以“突发（Burst）”的形式发射信号，这些信号通过卫星转发器时，在时间上是严格依次排列、互不重叠的，图 7-6 给出了 TDMA 系统的功能模型。由于系统中同时有许多用户，每个用户都希望能通过卫星实时地建立通信链路，为此，必须要对所有地球站的发送时间进行组织，以便让所有用户能共享卫星资源，并且各站发射的突发不会在时间上重叠，这就产生了帧的概念。

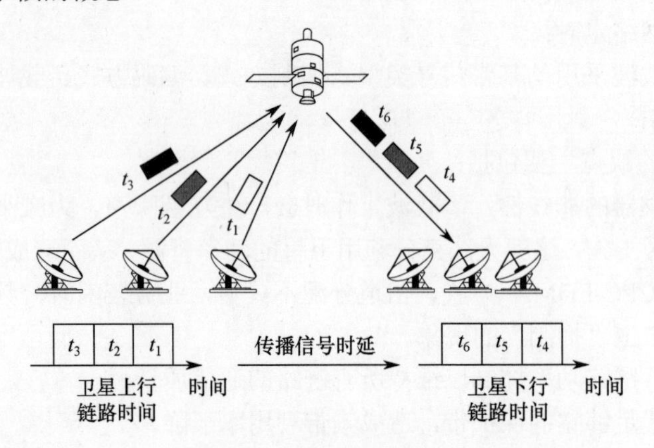

图 7-6　TDMA 系统模型

7.3.1　TDMA 帧结构

图 7-7 给出了 TDMA 系统的时隙和帧结构。TDMA 系统中把时间用帧来表示，一帧实际上就是一个地球站相邻两次突发之间的间隔时间，或者一个重复周期。在一个 TDMA 帧中，可以允许多个站发送自己的突发，称这类突发为一个分帧。由于每个站的突发中可能包括分别由多个地球站接收的多路信息，因此，每个分帧中还划分为许多个时隙（Slot）。

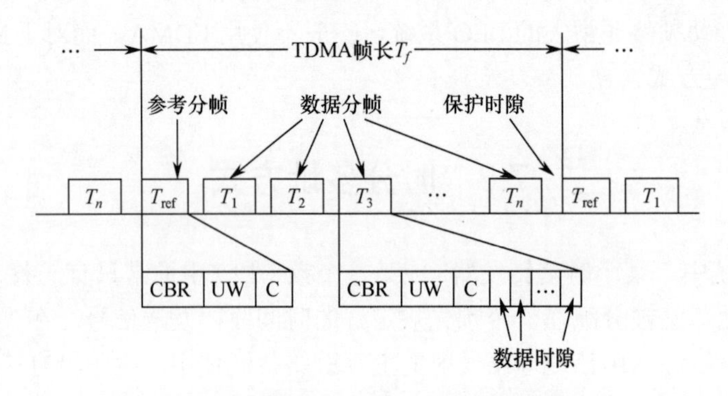

CBR—载波位定时恢复比特；UW—独特码；C—控制字。

图 7-7　TDMA 系统时隙与帧结构图

1. TDMA 帧结构

在一个 TDMA 帧中，第一个分帧通常是由 TDMA 系统中的参考地球站发送的，用于实现网络同步，称为参考分帧或同步分帧，它是全网的时间基准。其他分帧统称为数据分帧，用于各地球站发送业务信息。在每个分帧中都包括有供接收地球站解调用的载波位定时恢复比特（CBR）、用于帧和分帧同步的独特码（UW）和用于网络管理（包括地球站标识码、勤务信息和信道分配命令等）的控制字（C）。CBR、UW 和 C 三部分统称为报头。参考分帧通常只包括报头部分，而数据分帧还包括数据时隙，每个数据时隙中除了包括业务信息外，还应包括该时隙的接收地球站标识码等信息。

2. TDMA 帧参数计算

图 7-8 给出了 TDMA 较为详细的帧结构图，从图中可以看出，每一帧包含一个同步分帧和 m 个业务分帧，这说明该系统可以与 m 个地球站实现互通。其中，同步分帧占用了 B_r 个比特，而每个报头占用 B_p 个比特（占用时间分别为 T_r 和 T_p），各业务分帧之间的保护时隙均为 T_g，该帧总长度为 T_f。由于各业务分帧所包含的通道数可能不等，因而各分帧的长度也各不相同。如果第 i 分帧信道数为 n_i，并且每个信道所占比特数均为 L，若假设各分帧的信道数相同，即 $n_1=n_2=\cdots=n_i=n$，总信道数即为 mn，那么相关参数的计算如下。

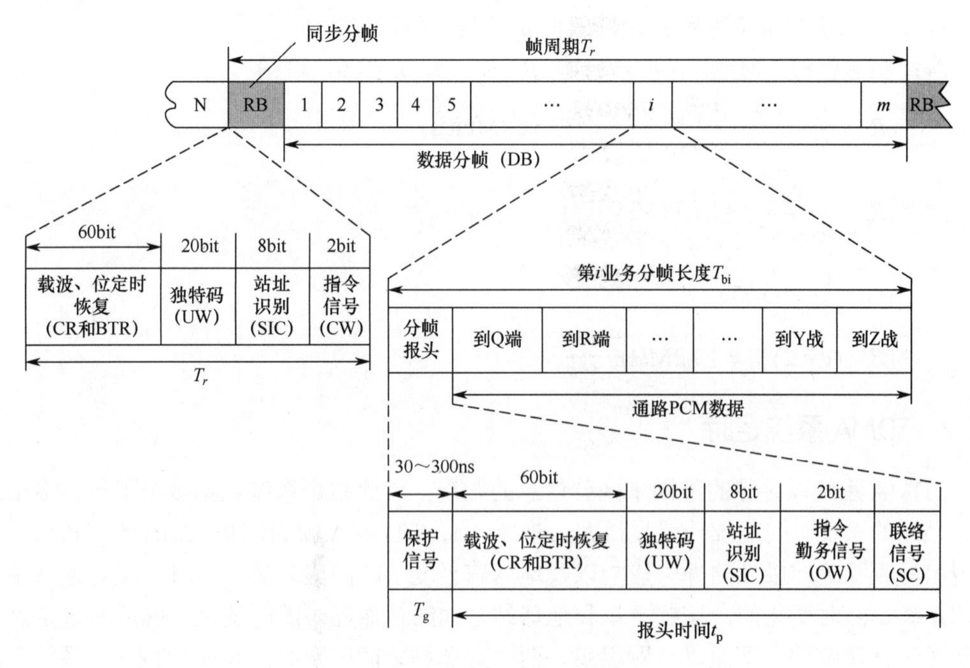

图 7-8　TDMA 帧结构图

总比特长度为

$$L_A = B_r + mB_p + mnL \tag{7-1}$$

总占用时长为

$$T_A = T_f - (m+1)T_g \tag{7-2}$$

系统传输比特率为

$$R_b = \frac{L_A}{T_A} = \frac{B_r + mB_p + mnL}{T_f - (m+1)T_g} \tag{7-3}$$

数据分帧所占时间为

$$\begin{aligned} T_b &= T_f - T_r - mT_p - (m+1)T_g \\ &= T_f - \frac{(B_r + mB_p)}{R_b} - (m+1)T_g \\ &= \frac{mnL}{R_b} \end{aligned} \tag{7-4}$$

帧效率为

$$\eta_{\mathrm{f}}=\frac{T_{\mathrm{b}}}{T_{\mathrm{f}}} \tag{7-5}$$

从式（7-4）和式（7-5）中可以看出，在 T_{r}、T_{p}、T_{g}和 m 一定的情况下，T_{f}越长，帧效率越高，但一般帧长取 125μs 的整数倍。

例 6-2 已知一个 TDMA 系统，采用 8PSK 调制方式。设帧长 T_{f}=250μs，系统中所业务分帧 m=5，各站所包含的信道数为 4，保护时隙 T_{g}=0.1μs，基准分帧的比特数和各报头比特数均为 90bit，每信道比特数为 386bit，滚降滤波器系数为 0.2。求该系统传输比特率 R_{b}，系统的调制速率 R_s，帧效率 η_f及传输所需带宽 B。

解：由题意知：M=8，m=5，n=4，B_r=B_p=90，L=386，可得

$$R_{\mathrm{b}}=\frac{L_{\mathrm{A}}}{T_{\mathrm{A}}}=\frac{B_{\mathrm{r}}+mB_{\mathrm{p}}+mnL}{T_{\mathrm{f}}-(m+1)T_{\mathrm{g}}}=33.12\ (\mathrm{Mbit/s})$$

$$R_{\mathrm{s}}=\frac{R_{\mathrm{b}}}{\log_2 M}=11.04\ (\mathrm{Msym/s})$$

$$\eta_{\mathrm{f}}=\frac{T_{\mathrm{b}}}{T_{\mathrm{f}}}=93.2\%$$

$$B=(1+\alpha)R_{\mathrm{s}}=13.2\mathrm{MHz}$$

7.3.2 TDMA 系统定时

TDMA 系统以时隙的不同来区分信息的归属，因此整个系统包括多个卫星、多个地面站之间的系统时间的统一就显得尤为重要。通常 TDMA 帧周期是 125μs 的整数倍。由于卫星受到除地球以外的外力影响以及地球扁平度引起的摄动影响，且卫星与地球站之间的距离是随时变化的，这样卫星和地球站之间的传输延时随时变化，因此系统定时是要随时进行调整的。下面以一颗卫星、两个地球站之间的定时来说明 TDMA 系统定时的方法。

两个地球站之间需确定一个基准站，若基准站 A 与卫星转发器间的传播延时为 t_{r}，而卫星与另一个地球站 B 之间的传播延时为 t_{d}。这里必须说明的是，对于确定的地球站、卫星，任意时间两者之间的距离是可以明确确定的，而且是可以提前计算出来的，即传播延时是确定的。

为了保障卫星能够以 t_0 为起始时间，周期 τ 来不断地接收基准站 A 的业务分帧，则要求 A 站每次在 $t_0+k\tau-t_{\mathrm{r}}$（k 取整数）的时间来发送信息，这样能够保证卫星在 $t_0+k\tau$ 时间接收到信息。如果计算卫星的处理时间 t_{p}，卫星将 A 站信息转发到 B 站的时间将是在 $t_0+k\tau+t_{\mathrm{d}}+t_{\mathrm{p}}$ 的时间收到该信息，因此 B 站既已知晓其与基准站的时间延时为 $t_{\mathrm{r}}+t_{\mathrm{d}}+t_{\mathrm{p}}$，这样便形成了系统定时。由于卫星与地球站之间的距离随时发生着变化，使得他们之间的信号传播延时也随时变化，因而要求基准站不断发出定时信息，调整整个系统的定时。

7.3.3 TDMA 的特点

由于网络同步不可能百分之百准确，不同地球站的实际发射时间与标准的发射时间

相比总是或多或少存在一些误差（分帧同步不可能完全准确，一个数据分帧由一个站发射，相邻数据分帧通常由不同的站发射），因此，在相邻数据分帧之间通常设置有一定的保护时隙。

网络同步是 TDMA 方式的一个关键问题，这涉及地球站开始发射突发时，怎样保证此突发正确地进入指定的时隙，而不会误入其他时隙造成干扰，这就是所谓的初始捕获问题。当正常工作时，地球站每隔一帧时间发一次突发，又怎样保证各分帧之间维持精确的时间关系（不会发生重叠），这就是分帧同步问题。相对 FDMA 方式而言，初始捕获和分帧同步是 TDMA 方式的最主要的技术难点。

由于采用 TDMA 方式的地球站都是以突发的方式发射信号，因此，对于接收地球站来说也必须能进行突发接收，这涉及到信号的突发解调问题，这也是 TDMA 方式的一个技术难点。

综上所述，TDMA 方式具有下列优点。

（1）能最充分地利用卫星的功率；

（2）无需上行链路功率控制；

（3）使用灵活、扩容方便；

（4）便于实现综合业务；

（5）便于与地面数字通信设备互联；

（6）可充分利用数字话音内插（DSI）等数字化技术。

TDMA 方式存在下列缺点。

（1）要求全网同步，即各地球站之间的同步，才能让所有用户共享卫星资源；

（2）要求采用突发解调；

（3）模拟信号必须被转换为数字信号；

（4）与地面模拟通信设备的接口较昂贵；

（5）初始投资大，实现复杂。

下面主要介绍两种从传统 TDMA 方式派生而来的多址方式：卫星交换 TDMA（SS-TDMA）和多载波 TDMA（MC-TDMA）。

7.3.4　卫星交换 TDMA

1. 卫星交换 TDMA 原理

对于 TDMA 卫星移动通信系统而言，采用多波束传播信息对于改善系统性能是很有好处的，但带来的一个后果是处于不同波束中的地球站无法像单波束系统中那样直接进行通信，即处于某个波束中的地球站不能直接接入其他的波束，因此必须要采取措施来解决此问题，其中的一个解决办法是采用卫星交换的 TDMA（SS-TDMA），其基本工作原理与 SS-FDMA 方式相似，即在射频（RF）或中频（IF）实现不同 TDMA 载波之间的交换。

图 7-9 给出了 SS-TDMA 的系统模型。在 SS-TDMA 系统中，通常存在多个上行链路波束和多个下行链路波束，每个波束内均采用 TDMA 方式，各波束使用相同的频带（空分频率复用）。对于需要与其他波束内地球站进行通信的某个地球站来说，其上行链路发射时间必须要处在某个特定的时隙上，以便转发器能根据其时隙位置选路到相应的下

行链路波束上，即在 SS-TDMA 方式中，发射时间与需要去往的下行链路波束之间有特定的对应关系，转发器根据这种关系来实现不同波束内 TDMA 载波之间的交换。

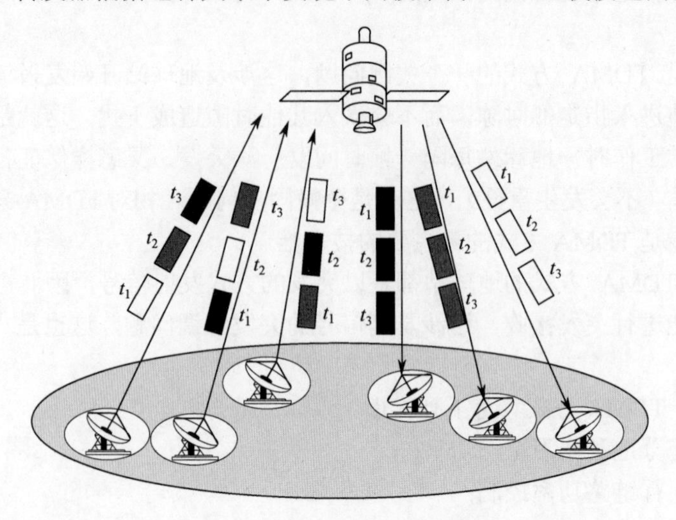

图 7-9　SS-TDMA 系统模型

2. 卫星信息交换矩阵

和SS-FDMA一样，SS-TDMA是利用星上微波二极管交换矩阵来建立上行链路波束和下行链路波束之间的连接。图 7-10 给出了上下行链路各存在 3 个点波束情况下，SS-TDMA 系统星上交换的方框图和不同时隙交换矩阵的开关闭合状态。在交换时隙t_1，

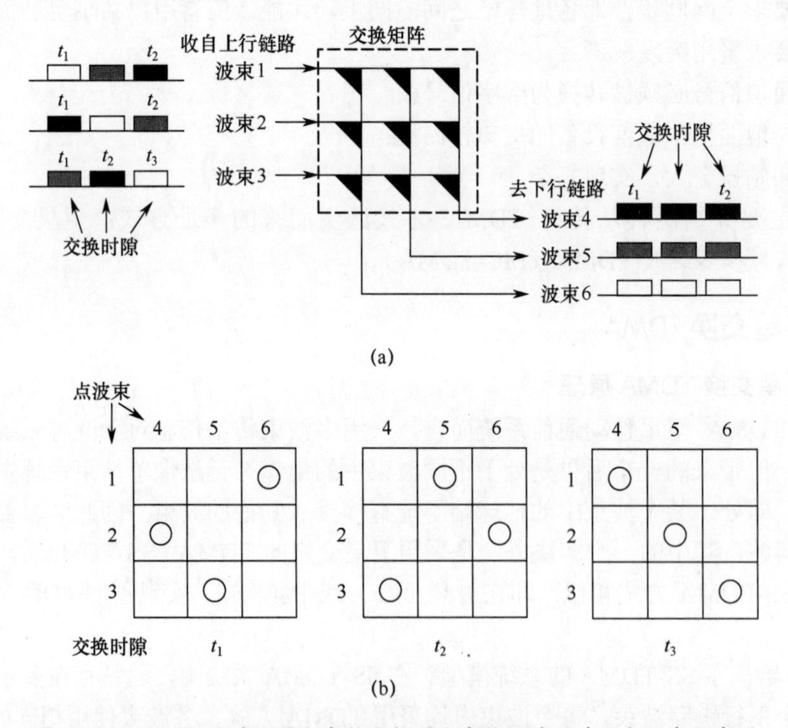

图 7-10　SS-TDMA 系统星上交换方框图和交换矩阵开关闭合状态示意图

（a）星上交换方框图；（b）交换矩阵开关闭合状态图。

上行链路波束 1 被连接到下行链路波束 6，波束 2 连接到波束 4，波束 3 连接到波束 5。在交换时隙 t_2，上行链路波束 1 被连接到下行链路波束 5，波束 2 连接到波束 6，波束 3 连接到波束 4。图 7-10（b）的交换矩阵开关闭合状态图表示了这种连接关系。

从图 7-9 和图 7-10 可看到，每个波束使用相同的频率，要选路到某个特定下行链路波束的所有上行链路地球站都需要在每个上行链路帧中分配一个专门的交换时隙，在此交换时隙内，星上交换矩阵正好能把此波束内的上行链路信号选路到某个特定的下行链路波束。在不同的上行链路波束中，相同的交换时隙去往不同的下行链路波束。这样，来自不同上行链路波束的信号就不会在同一个下行链路上重叠。一个上行链路地球站只需选择相应的交换时隙，而无须考虑去往哪条下行链路波束。这样，任一波束中的每条上行链路在任何时候都可以连接到任一波束中任何下行链路地球站。需指出的是，在 SS-TDMA 方式中，上行链路地球站需在每个交换时隙内发射，而不像 TDMA 方式那样在每个数据分帧中发射。

3. 卫星信息交换矩阵的分帧排列

进行分帧排列的主要目的是为了便于在交换矩阵中进行帧的交换。这种方法把已知系统的交换矩阵分解为若干分帧矩阵，而每个分帧矩阵中的各链路波束之间的交换具有一对一的关系。分帧的排列多种多样，不同的排列标准，可形成不同的算法，从而构成不同的分帧排列。下面就以分帧最短标准来介绍分帧排列，该方法的步骤是：

（1）从交换矩阵中选取各行、各列的一个元素，通常选取各行较大的元素，构成一个基本矩阵 $\boldsymbol{D}_1$，其余元素构成剩余矩阵 $\boldsymbol{D}_2$，$\boldsymbol{D}_1$ 中最小的元素称为临界元素；

（2）观察基本矩阵 $\boldsymbol{D}_1$，若有比临界元素大的元素，则将超出的值退回到剩余矩阵 $D2$ 中；

（3）对剩余矩阵 $\boldsymbol{D}_2$ 重复上面的步骤，直至剩余矩阵每行、每列最多只剩下一个元素，且各元素相等为止；

（4）根据所分解的矩阵，确定分帧排列规则。

【例】已知 x_1，x_2，x_3 到 y_1，y_2，y_3 波束的 3×3 交换矩阵，请根据分帧长度最短方法对其进行矩阵分解并进行分帧编排。

交换矩阵为

	y_1	y_2	y_3
x_1	5	1	5
x_2	4	3	4
x_3	2	7	2

解：

（1）找基本矩阵

⑤	1	5
4	3	④
2	⑦	2

，其中 4 为临界元素；

（2）划分基本矩阵和剩余矩阵，即

$$\begin{array}{|c|c|c|}\hline \textcircled{5} & 1 & 5 \\ \hline 4 & 3 & \textcircled{4} \\ \hline 2 & \textcircled{7} & 2 \\ \hline \end{array} = \begin{array}{|c|c|c|}\hline 5 & 0 & 0 \\ \hline 0 & 0 & 4 \\ \hline 0 & 7 & 0 \\ \hline \end{array} + \begin{array}{|c|c|c|}\hline 0 & 1 & 5 \\ \hline 4 & 3 & 0 \\ \hline 2 & 0 & 2 \\ \hline \end{array}$$

（3）对基本矩阵进行修正，并把超出值退回到剩余矩阵，即

$$\begin{array}{|c|c|c|}\hline \textcircled{5} & 1 & 5 \\ \hline 4 & 3 & \textcircled{4} \\ \hline 2 & \textcircled{7} & 2 \\ \hline \end{array} = \begin{array}{|c|c|c|}\hline 4 & 0 & 0 \\ \hline 0 & 0 & 4 \\ \hline 0 & 4 & 0 \\ \hline \end{array} + \begin{array}{|c|c|c|}\hline 1 & 1 & 5 \\ \hline 4 & 3 & 0 \\ \hline 2 & 3 & 2 \\ \hline \end{array}$$

（4）重复进行上述步骤，得到矩阵分解，即

$$\begin{array}{|c|c|c|}\hline \textcircled{5} & 1 & 5 \\ \hline 4 & 3 & \textcircled{4} \\ \hline 2 & \textcircled{7} & 2 \\ \hline \end{array}$$

$$= \begin{array}{|c|c|c|}\hline 4 & 0 & 0 \\ \hline 0 & 0 & 4 \\ \hline 0 & 4 & 0 \\ \hline \end{array} + \begin{array}{|c|c|c|}\hline 1 & 1 & 5 \\ \hline 4 & 3 & 0 \\ \hline 2 & 3 & 2 \\ \hline \end{array}$$

$$= \begin{array}{|c|c|c|}\hline 4 & 0 & 0 \\ \hline 0 & 0 & 4 \\ \hline 0 & 4 & 0 \\ \hline \end{array} + \begin{array}{|c|c|c|}\hline 0 & 0 & 3 \\ \hline 3 & 0 & 0 \\ \hline 0 & 3 & 0 \\ \hline \end{array} + \begin{array}{|c|c|c|}\hline 0 & 0 & 2 \\ \hline 0 & 2 & 0 \\ \hline 2 & 0 & 0 \\ \hline \end{array} +$$

$$\begin{array}{|c|c|c|}\hline 1 & 0 & 0 \\ \hline 0 & 1 & 0 \\ \hline 0 & 0 & 1 \\ \hline \end{array} + \begin{array}{|c|c|c|}\hline 0 & 1 & 0 \\ \hline 1 & 0 & 0 \\ \hline 0 & 0 & 1 \\ \hline \end{array}$$

（5）通过矩阵分解得到分帧排列，若有某一行一列连续出现非零元素则可以合并，可得

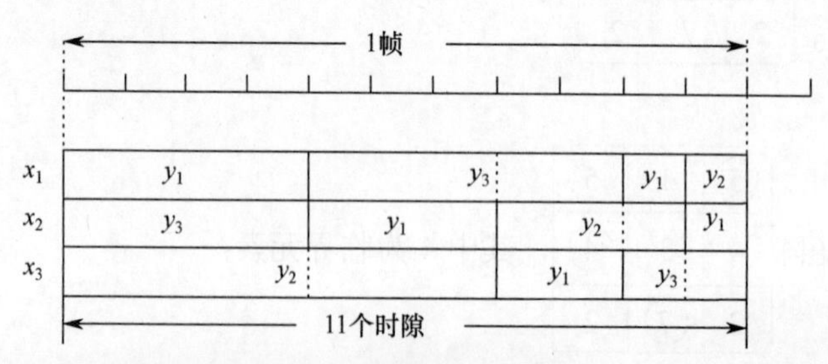

其中，虚线代表着矩阵分解时连续出现非零元素的合并，实线代表着波束的转换。从图中可以看出任何一个波束不同时收、发相同波束的信息，这样就实现了时分多址。

思考题：卫星信息交换矩阵的意义是什么？为什么要对其进行分解？

7.3.5　多载波 TDMA

多载波 TDMA（MC-TDMA）方式是指在一个 TDMA 系统中采用多条信道速率相对较低（小到几万比特每秒，高到 20Mbit/s）的载波，每条载波以 TDMA 方式工作，而不像传统 TDMA 方式那样一个系统中只有一条高速载波，这些 MC-TDMA 载波既可以完全占满整个转发器，也可以与其他 FDMA 载波一起共享一个转发器，图 7-11 给出了传统 TDMA、SCPC-FDMA 和 MC-TDMA 使用转发器频带的对比。对于采用 MC-TDMA 方式的地球站来说，虽然系统中同时有多条 TDMA 载波，但某个时候每个站只能在一条 TDMA 载波上发送和接收，这完全能满足通常的使用要求。如果要同时在两条载波上发送或接收，则需配备两套设备。

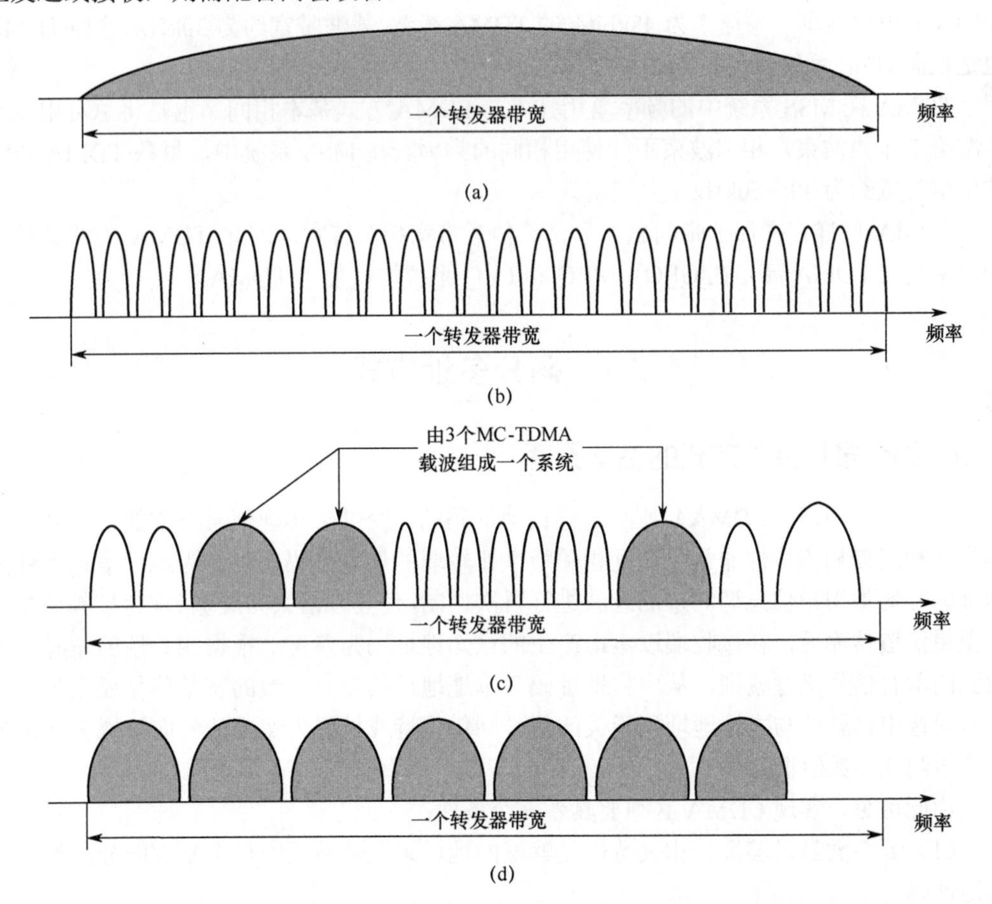

图 7-11　传统 TDMA、SCPC-FDMA 和 MC-TDMA 使用转发器频带对比

（a）传统 TDMA；（b）SCPC-FDMA；（c）MC-TDMA 载波与 FDMA 载波共享；（d）MC-TDMA。

对于 MC-TDMA 方式，当只有一条载波时，它就是单载波的传统 TDMA 方式；当有多条载波，每条载波中只有一路信号时，它就是 SCPC-FDMA 方式；当有多条载波，每条载波虽有多路信道，但由同一个站发送时，它就是 MC-TDMA 方式。因此，MC-TDMA 实际上是 FDMA 和 TDMA 两种多址方式的综合，它既克服了 TDMA 初始占用频带宽、建站成本高的缺点，也弥补了 SCPC 对功放和频带利用率低及每路需一个 Modem 的不足，它特别适合于综合业务的稀路由应用环境和卫星移动通信应用环境。

在卫星移动通信中，由 EIRP 和 *G/T* 值均较小的移动站来实现一个单载波的高速 TDMA 系统显然是不现实的。另外，即使其 EIRP 和 *G/T* 值能满足要求，由一个普通移动站来实现这样复杂的 TDMA 网络同步和高速突发解调也非常困难。但如果能把 TDMA 信道的传输速率降下来，则不仅 EIRP 和 *G/T* 值较易满足，而且网络同步和突发解调就变得容易实现。

7.3.6 TDMA 在卫星移动通信系统的应用

在卫星移动通信（MSS）系统中主要使用低速的 MC-TDMA，而不再是传统的高速 TDMA 系统（几十兆比特每秒以上）。每条低速 TDMA 通常由几个用户共享，如由 8 个 6kbit/s 的用户共享一条速率为 48kbit/s 的 TDMA 载波，载波带宽约为 30kHz。这种 TDMA 也是地面 GSM 系统使用的方式。

TDMA 在 MSS 系统中的频率复用技术与 FDMA 方式基本相同，也是将总可用频带分配给 7 个点波束，相邻波束不能使用相同的频率。在 MSS 系统中，每条 TDMA 载波的信道带宽约为 30～50kHz（典型值）。

TDMA 同样存在保护带问题，只是其信道带宽相对较宽，因此 TDMA 方式的频带利用率要比 FDMA 高，在 GEO、MEO 和 LEO 系统均可使用 TDMA。

7.4 码分多址方式

7.4.1 码分多址接入方式的基本原理

码分多址访问（CDMA）方式是根据地址码的正交性来实现信号分割的，其基本原理是：利用自相关特性非常强而互相关特性比较弱的周期性码序列作为地址信息（称为地址码），对被用户信息调制过的载波进行再次调制，使其频谱大为展宽（称为扩频调制）。经卫星信道传输后，在接收端以本地产生的已知地址码为参考，根据相关性的差异对接收到的所有信号进行鉴别，从中将地址码与本地地址码完全一致的宽带信号还原为窄带信号而选出，其他与本地地址码无关的信号则仍保持或扩展为宽带信号而被滤去（称为相关检测或扩频解调）。

由此可见，实现 CDMA 必须要具备三个条件：

（1）要有数量足够多、相关特性足够好的地址码，使系统中每个站都能分配到所需的地址码。

（2）必须用地址码对待发信号进行扩频调制，使传输信号所占频带极大地展宽。卫星通信中扩频前的调制方式通常采用 PSK 方式，而对扩频地址码的用法则有两种。一种是直接序列扩频（DS）方式，它是用地址码直接对信号进行调制来得到扩频信号；另一种是跳频扩频（FH）方式，它是用地址码控制频率合成器，使它产生出能在较大范围内周期性跳变的本振信号，再用它与已调信号载波进行混频来得到扩频信号。

（3）在 CDMA 接收端，必须要有与发送端地址码完全一致的本地地址码，用它对接收信号进行相关检测，将地址码之间不同的相关性转化为频谱宽窄的差异，然后用窄带滤波器从中选出所需要的信号，这是 CDMA 方式中最主要的环节。

综上所述，CDMA 建立在正交编码、相关接收等理论基础上，是实现无线信道多址接入的主要方式之一，在移动通信中有广泛的应用。

CDMA 方式的优点主要包括：

（1）宽带传输，抗多径衰落性能较好；

（2）信号频谱的扩展和信号的相关接收，具有较好的信号隐蔽性和保护性，抗干扰能力也较强；

（3）允许共覆盖的多系统 / 多卫星同频操作，无需系统间协调，能抗地面同频通信系统的干扰；

（4）具有扩频增益，允许相邻波束使用相同频率，具有频率复用能力；

（5）能充分利用话音激活来提高容量；

（6）移动通信中具有软切换功能；

（7）容量没有硬性限制，增加用户只会影响性能，不会遭到拒绝。

CDMA 方式的缺点主要包括：

（1）需要进行功率控制；

（2）码同步时间较长；

（3）受扩频码片速率的限制，主要用于低速业务。

7.4.2 直接序列扩频 CDMA

图 7-12 给出了直接序列扩频（DS-CDMA）系统的工作原理图。

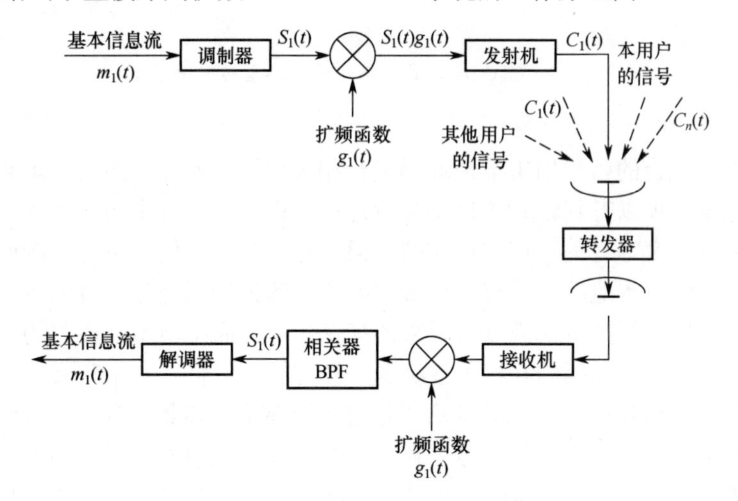

图 7-12 DS-CDMA 系统工作原理图

在发送端，比特速率为 b_1（bit/s）的基带信息流 $m_1(t)$被调制后，变成已调信号 $S_1(t)$，

它与扩频函数 $g_1(t)$相乘后得到一个扩频信号 $S_1(t)\ g_1(t)$，其中扩频函数 $g_1(t)$是该站的地址码，其比特速率 B_s（bit/s）远大于信息比特速率 b_1（bit/s），地址码的码长和比特速率决定于具体的应用环境，扩频信号 $S_1(t)\ g_1(t)$通过发射机变频、放大后得到射频扩频信号 $C_1(t)$。需指出的是，图 7-12 所示的发送端工作过程只是其中一种方式，调制和扩频的过程还可以交换位置，即扩频是在基带进行的，然后对扩频信号进行调制。系统中其他用户也在同一信道上发送，但每个用户的地址码是不同的。接收到的信号中包括需要的信号、其他共享该信道的用户信号引起的干扰（称为多址接入干扰）和由热噪声及互调噪声等组成的系统内部噪声。图 7-13 给出了发射和接收信号的典型功率谱，接收频谱中还包括了窄带强干扰和宽带的背景噪声和弱干扰。

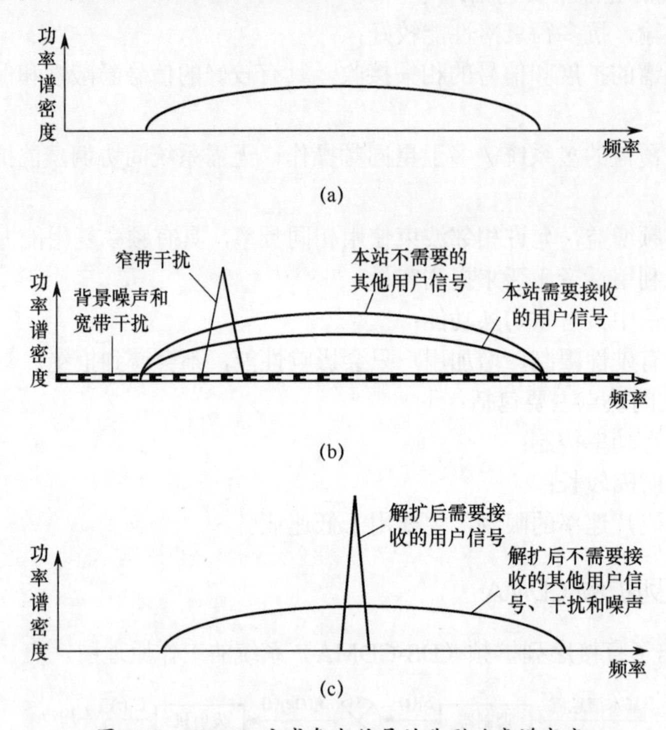

图 7-13　CDMA 方式各点信号的典型功率谱密度

（a）发射机端输出功率谱密度；（b）接收机端输入功率谱密度；（c）相关器输出端功率谱密度。

在接收端，混合的信号用本地地址码进行相关检测，本地产生的地址码必须要与发送端地址码完全同步以得到较好的自相关特性。采用码同步技术与需要的同步速度、接收机灵敏度和复杂度等有关。相关操作的结果是把不相关的信号进行扩频而对相关的信号进行解扩。显然，本地地址码与需要接收的信号的扩频码是相同且同步的，因此具有良好的自相关特性，解扩后就恢复为原来的窄带信号。而不由本站接收的其他用户信号采用的扩频码与本站地址码的互相关性极弱，经过解扩后仍是一个宽带信号，例如白噪声经过解扩后仍是白噪声。相关处理后需通过一个带通滤波器（BPF）以便把信息通带外的干扰和噪声滤掉。如果接收信号中存在一个窄带干扰信号，那么相关处理后该干扰信号就被扩频，这样该干扰信号的功率谱密度就被降低了 B_c/B_i倍，其中，B_c和 B_i分别是地址码和该干扰信号的 RF 带宽。

显然，通过相关处理把干扰信号扩频，从而提高系统的抗干扰能力，这是 CDMA 方式的一个主要优点。在 CDMA 系统中，通常用处理增益 G_p 来衡量 CDMA 方式的抗干扰能力，它定义为相关器（也称为解扩器）的输出端与输入端载波噪声功率比的比值，即

$$G_p = \frac{C_o/N_o}{C_i/N_i} \tag{7-6}$$

式中：C_i 和 N_i 分别为输入端的载波和噪声功率；C_0 和 N_0 分别为输出端的载波和噪声功率。

如果相关器的增益为 A，输入端噪声功率谱密度为 $I(f)$，B_c 和 B_m 分别为信道带宽和解扩后的信息带宽（相当于 BPF 的带宽），则处理增益可表示为

$$G_p = \frac{C_o/N_o}{C_i/N_i} = \frac{AC_i/AI(f)B_m}{C_i/I(f)B_c} = \frac{B_c}{B_m} \tag{7-7}$$

如果基带信息速率为 R_m (bit/s)，扩频后信道比特率即扩频码的比特率为 R_c (bit/s)(也称码片速率），则扩频增益也可以表示为

$$G_p = \frac{R_c}{R_m} \tag{7-8}$$

实际使用中，由于互相关特性不可能为 0，相关处理中必然有实现损耗，因此，处理增益会比上述理论值有一定的下降。

7.4.3 跳频扩频 CDMA

除了直接序列扩频技术外，实现 CDMA 方式的另一种技术是跳频（FH）扩频技术，其工作原理见图 7-14。在跳频扩频 CDMA（FH-CDMA）系统中，通过扩频函数控制频率合成器的输出频率来改变信道的传输频率，如图 7-14（a）所示。在接收端，一个与发送端同步的相同扩频函数被用来控制本振的频率，通过混频处理，就可以实现频率的解跳，如图 7-14（b）所示。混频器的输出一般需经过一个带通滤波器（BPF）以便滤出需要的信号，并把不需要的信号滤掉，之后就可对信号进行解调以得到基带信号。在 FH-CDMA 系统中，传输频率都是以离散的步进频率来改变的，如果频率合成器的单位步进频率为 Δf，跳频码的码长为 N，基带信号带宽为 B_m，则扩频带宽 B_c 为

$$B_c = \Delta f \times N \tag{7-9}$$

FH-CDMA 的处理增益 G_p 为

$$G_p = \frac{B_c}{B_m} = \frac{N \times \Delta f}{B_m} \tag{7-10}$$

除了处理增益外，衡量 FH-CDMA 系统性能的另一个指标是跳频速率（或称为码速率），跳频速率越快，抗干扰性能越好，但实现越复杂。

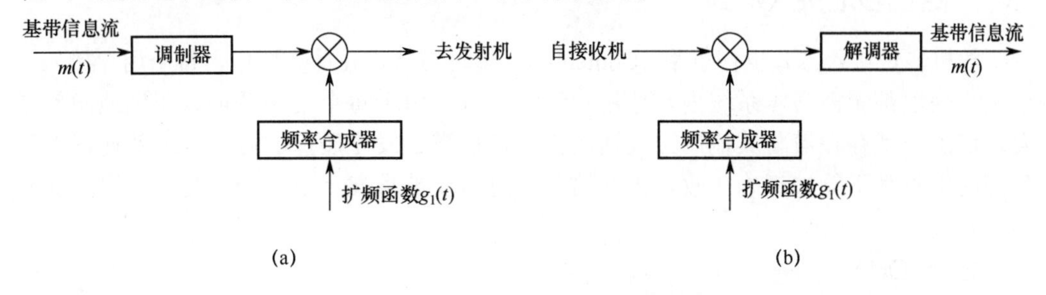

图 7-14　FH-CDMA 系统工作原理图

（a）发端方框图；（b）收端方框图。

7.5　空分多址方式

空分多址（SDMA），也称为多波束复用，它通过标记不同方位的相同频率的天线波束来进行复用。

SDMA 系统可使系统容量成倍增加，使得系统在有限的频谱内可以支持更多的用户，从而成倍地提高频谱使用效率。空分多址方式，在中国第三代通信系统 TD-SCDMA 中引入，是智能天线技术的集中体现。顾名思意，该方式是将空间进行划分，以期得到更多的地址，同 TDMA、FDMA 和 CDMA 相结合，可以实现在相同时间间隙、在相同频率段内、在相同地址码情况下，根据信号传播路径不同来区分不同的用户，故在有限的频率资源范围内，可以更高效地传递信号，在相同的时间间隙内，可以多路传输信号，也可以达到更高效率的传输。因此，引用这种方式传递信号，在同一时刻，由于接收信号是从不同的路径来的，故可以大大降低信号间的相互干扰，从而达到了信号的高质量传输。

空分多址，是智能天线技术的集中体现，它要以天线技术为基础，理想情况下它要求天线给每个用户分配一个点波束。这样根据用户的空间位置就可以区分每个用户的无线信号，这样就完成了多址的划分。

7.6　随机多址和可控多址接入方式

前面介绍的 FDMA、TDMA 和 CDMA 方式，对于话音和连续数据流业务来说能得到较高的信道效率，但对于大多数突发性较强的数据业务来说，这些多址方式的信道效率比较低。数据业务包括按申请分配系统中信道的申请和分配、电子邮件、交互型数据传输和询问 / 应答类数据传输等。比如，对于询问 / 应答类业务，发送一个询问信息通常只需几毫秒时间，在用户等待应答的过程中，信道是处于停顿状态，并没有信息需要传输。再如，在信道的按申请分配过程中，每次传输的数据量可能只有几十个比特。显然，对于这类突发性较强的数据业务来说，采用传统的多址方式是不合适的。为此，提出了适合于数据业务传输的随机多址和可控多址接入方式。

7.6.1　随机多址接入方式

随机多址接入方式也称争用（Contention）多址方式，在此方式中，每个用户接入一条共享信道都无需与本系统内其他用户进行协调。由于每个用户都可以随机地向信道发送信息，就存在着与其他用户发送的信息在信道上发生碰撞的可能，这就使得发生碰撞的信息都不能被正确接收，为此这些信息需要被重发。下面介绍几种常用的随机多址方式。

1. ALOHA

这里的 ALOHA 是指纯 ALOHA(P-ALOHA)方式，它是最早的随机多址接入方式，目前仍得到广泛应用。在此方式中，系统内各用户之间无需任何协调，每个站收到数据分组后就可以立即发送。如果由于碰撞造成分组丢失，则需经过随机时延后重发此丢失的分组。

由于 P-ALOHA 方式对用户的发送没有任何限制，对任一个分组来说，从其发送开始之前一个分组的时间起到发送完该分组为止这段时间内，只要有其他站发送分组，便会发生分组碰撞，称这段时间为该分组的受损间隔，如图 7-15(a)所示，对于 P-ALOHA 来说，其受损间隔等于两个分组的长度。这样，对于 P-ALOHA 方式来说，分组成功发送的前提条件是在其受损间隔内其他站没有发送分组。

ALOHA 方式的优点是实现简单、用户入网无需协调、业务量较小时具有很好的时延性能。

ALOHA 方式的主要缺点是由于存在分组碰撞，其吞吐量（Throughput，定义为某段时间内成功接收的信息比特平均数与能被发送的总比特数之比）较低，最高吞吐量只有 18.4%，并且存在信道的不稳定性，即信道业务量大到一定程度后，由于发生分组碰撞的概率大大增加，信道吞吐量不再随业务量增加而增加，反而减小；其极限情况是信道充满重发分组，即信道利用率（定义为信道上有信息传输的时间与总可用时间之比）为 100%，但吞吐量为 0。信道吞吐量低及存在不稳定性是 P-ALOHA 方式最主要的缺点。

2. 时隙 ALOHA（S-ALOHA）

由于在一个分组的受损间隔内其他站都可能会随机地发送分组，因此，P-ALOHA 中必然存在大量首尾碰撞的分组，对于这些分组来说，由于其中一部分比特发生碰撞而造成整个分组的丢失，这是一种浪费，为此，提出了 S-ALOHA 的设想。

S-ALOHA 的基本方案是：在以转发器入口为参考点的时间轴上等间隔地分成许多时隙（Slot），各站发射的分组必须落入某一时隙内，每个分组的持续时间填满一个时隙。不像 P-ALOHA 方式那样发送是完全随机的，S-ALOHA 方式必须要在一个时隙的开始位置才能发送分组。通过这种改进，S-ALOHA 的受损间隔缩短为只有一个时隙的长度，并且也不存在首尾碰撞的情况，分组要么成功发射，要么两个分组完全碰撞，如图 7-15（b）所示。

S-ALOHA 的优点是吞吐量比 P-ALOHA 增大一倍，最高吞吐量达到 36.8%。其缺点是全网需要定时和同步，每个分组的持续时间不能大于一个时隙的长度，并且仍存在信道不稳定性。

3. 具有捕获效应的 ALOHA（C-ALOHA）

对于 P-ALOHA 来说，由于两个分组的发射功率基本相当，因此发生碰撞后谁也无法正确收到碰撞的分组。如果两个碰撞分组的发射功率不同，一个比较大，一个比较小，则发生碰撞后功率低的分组是无法接收到，但功率高的分组仍可能被正确接收，碰撞的小功率分组对于大功率分组来说只是一种干扰。具有捕获效应的 ALOHA（C-ALOHA）就是采用了这种原理，如图 7-15（c）所示。在 C-ALOHA 中，虽然其受损间隔与 P-ALOHA 相同，但通过合理设计各站的发射功率电平，可以改善系统的吞吐量（最高可达到 P-ALOHA 方式的 3 倍）。

4. 选择拒绝 ALOHA（SREJ-ALOHA）

SREJ-ALOHA 是提高 P-ALOHA 方式吞吐量的另一种办法。SREJ-ALOHA 仍以 P-ALOHA 方式进行分组发送，但它对 P-ALOHA 方式的改进是把每个分组再细分为有限

数量的小分组（Subpacket），每个小分组也有自己的报头和前同步码，它们可以独立进行差错检测，如果两个分组首尾碰撞，未遭碰撞的小分组仍可被正确接收，需重发的只是发生碰撞的那部分小分组。图 7-15（d）给出了 SREJ-ALOHA 方式发生碰撞的情况，对于分组 D 来说，只需重发小分组 6、7 和 8；对于分组 K 来说，只需重发小分组 1、2 和 3。SREJ-ALOHA 方式的受损间隔也与 P-ALOHA 的相同，但由于只重发分组中发生碰撞的部分（类似 ARQ 中的选择重发），显然它能得到比 P-ALOHA 方式高的吞吐量，如果不计每个小分组中的额外开销（包括报头和前置码），SREJ-ALOHA 的吞吐量与 S-ALOHA 的相当，而且与报文长度的分布无关。但实际上，由于需将每个分组分为若干小分组，这就增加了额外开销，SREJ-ALOHA 的吞吐量只能在 0.2～0.3。

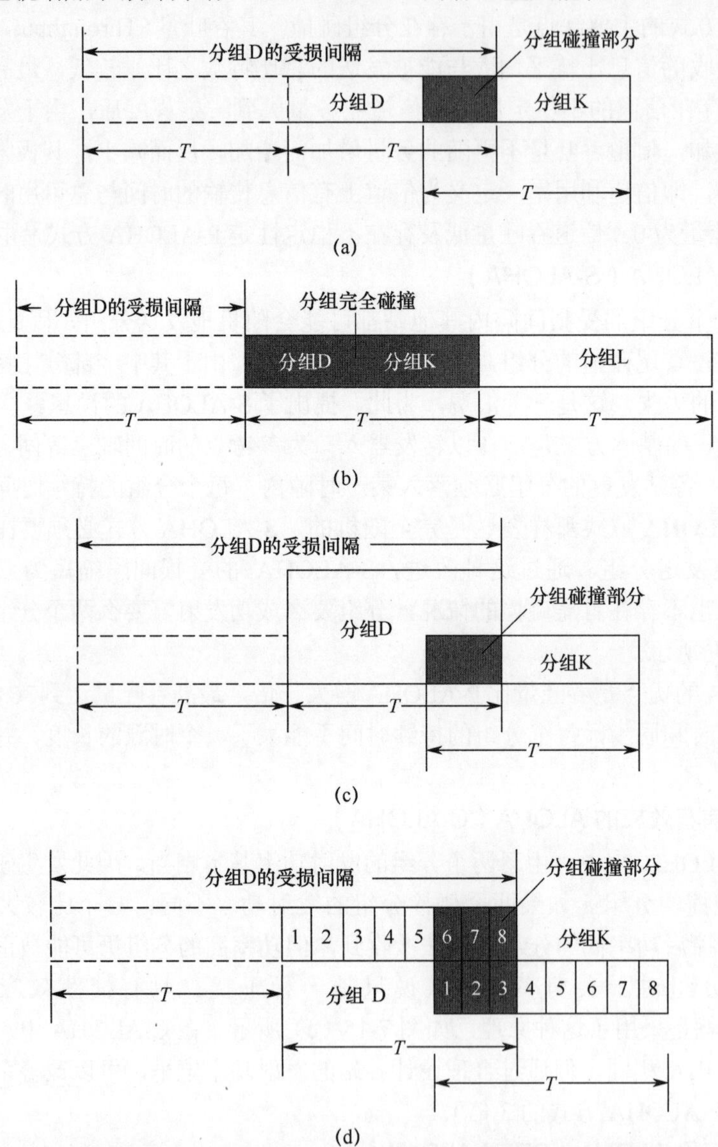

图 7-15　几种随机多址接入方式发生分组碰撞的对比

（a）P-ALOHA；（b）S-ALOHA；（c）C-ALOHA；（d）SREJ-ALOHA。

可以说，SREJ-ALOHA 具有 P-ALOHA 系统无需全网定时和同步以及适于可变长度分组这两个重要优点，同时又克服了 P-ALOHA 方式吞吐量低的缺点，但其实现要比 P-ALOHA 方式复杂。随机多址访问方式既可用在通信信道中，也可用在控制信道中，比如在按申请分配信道的系统中，它是在发送申请信息的控制信道中最常使用的多址方式。在提供数据业务的 LEO 系统中用户终端向卫星发送数据通常也都采用随机多址接入方式。

7.6.2　可控多址接入方式

传统的固定帧按需分配 TDMA 方式（TDMA/DA）虽是一种预约多址接入方式，但除了业务时隙按申请分配外，每个站都分配有一个预约时隙用于进行信道申请（预约过程是非竞争的），系统中有多少个站就必须有相同数目的预约时隙，由于总预约时隙数是有限的，这样系统中容纳的站数也就很有限，所以不易扩容，因此 TDMA/DA 方式主要用于站数不多但各站业务量较大的应用环境。对于像卫星移动通信这种稀路由应用环境，由于站数非常多，因此采用传统的 TDMA/DA 方式是不合适的，为此提出了可控多址接入方式。

可控多址接入方式也称预约（Reservation）协议，在此方式中，它需要利用短的预约分组为长的数据报文分组在信道上预约一段时间，一旦预约成功，就可以无碰撞地实现数据报文的传输。因此，预约协议包括两个层次：第一层是对预约分组的多址协议，它通常采用随机多址方式；第二层是对实际数据报文的多址协议。下面介绍两种常用的可控多址方式。

1. 预约 ALOHA（R-ALOHA）

P-ALOHA 和 S-ALOHA 最适合于系统中用户数较多、各用户发送的主要是短报文的应用环境，当用户需要发送长报文时，首先需将该长报文分为许多个分组，然后在信道上传输。由于会发生碰撞，接收站通常需要很长时间才能把全部报文无差错地接收下来，因此其时延很大。为了解决长、短报文传输的兼容问题，提出了 R-ALOHA。其基本原理是：发送时间以帧来组织，每帧又划分为许多时隙。时隙分为两类：一类称为竞争时隙，用于供用户发送短报文和预约申请信息，以 S-ALOHA 方式工作；另一类称为预约时隙，用于发送用户报文，由用户独享，不存在碰撞，如图 7-16（a）所示。当某个站要发长报文时，它首先通过预约时隙发送预约申请信息，告诉其他站它需要使用的预约时隙的长度，系统中所有站收到此预约信息后，根据全网排队情况计算出该站的预约时隙应处在哪一帧的哪些时隙位置，这样其他站就不会再使用这些时隙，而由该站独享。对于短报文，可以直接利用竞争时隙发送，也可以像长报文一样通过预约来发送。

显然，R-ALOHA 方式既能支持长报文，也能支持短报文，两者都具有良好的吞吐量—时延性能，只是其实现难度要大于 S-ALOHA。

2. 自适应 TDMA

另一种优于 R-ALOHA 的预约协议是 AA-TDMA，它可看成是 TDMA 方式的改进型，其基本原理与R-ALOHA方式相似，只是其预约时隙和竞争时隙之间的边界能根据业务量进行调整，如图7-16（b）所示。

（1）当业务量非常小或都是短报文时，帧中所有时隙都是竞争时隙，系统中所有站以S-ALOHA方式共享整个信道。

（2）当长报文的业务量增大时，一部分时隙是竞争时隙，由各站以S-ALOHA方式共享使用，另一部分是预约时隙，由成功预约的各站用于传输长报文。此时，就是一种竞争预约的TDMA/DA方式。

（3）当长报文业务量进一步增大时，只有少部分时隙是竞争时隙，同时大部分时隙都变成预约时隙。极限情况是所有时隙都变成预约时隙，由一个大业务量站在某段时间利用整条信道传输其长报文。这时就是一个预分配的TDMA方式。

可见，AA-TDMA能根据业务状况自动调整其信道共享方式，因此有时也称为负载自适应（Load Adaptive）TDMA（LA-TDMA）。AA-TDMA的突出优点是适应性强、使用灵活、效率高。在轻业务量时，其吞吐量—时延性能与S-ALOHA方式相当；在中等业务量时，其吞吐量—时延性能要略优于竞争预约TDMA/DA方式；在重业务量时，其吞吐量—时延性能也要略优于固定帧TDMA/DA方式。缺点是实现复杂。

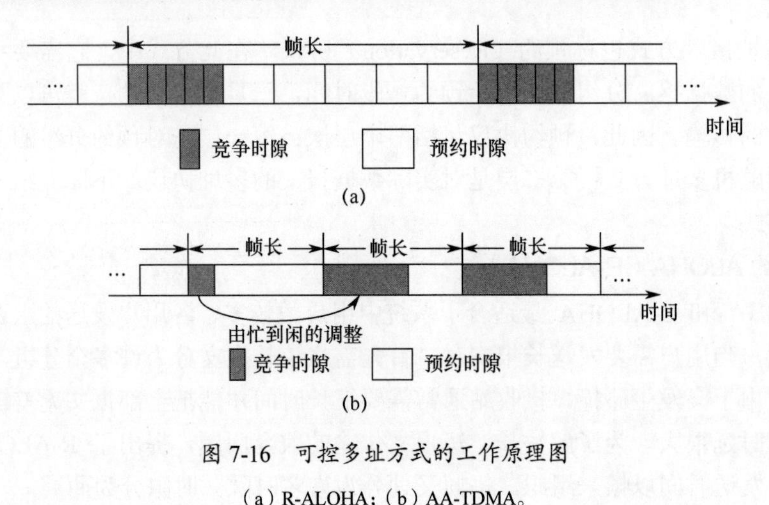

图7-16　可控多址方式的工作原理图

（a）R-ALOHA；（b）AA-TDMA。

7.7　信道分配方式

信道分配方式是指如何进行信道分配，所采用的多址方式不同，其信道内含不同。在FDMA中，信道分配是指各地球站所占用的转发器的频段；在TDMA方式中，则是各地球站所占用的时隙；而在CDMA方式中却是指各地球站所使用的码型。因此，信道分配方式与具体所采用的多址方式有关，大体可以分为预分配方式、按需分配方式、动态分配方式、随机分配方式以及它们的混合方式。

7.7.1　预分配方式（Pre-allocation）

预分配方式又分为固定预分配和按时预分配方式。

1. 固定预分配方式

固定预分配是指按事先规定半永久地分配给每个地球站固定数量的信道，这样各地球站只能各自在特定的信道上完成与其他地球站的通信，其他地球站不得占用。载波被固定地分配给地球站 A 到地球站 B 的信道，不为它用，其他载频也是如此。由此可见，在此分配方式中，由于载频是专用的，因而连接设备简单，基本上无需控制设备。但使用不灵活，在业务量较低时信道利用率低，只有在网各站业务繁忙、每个通道大部分时间都工作时，通信效率才可能高。因此，此分配制度仅适用于业务量大的线路，或需要为安全或保密考虑需要长时间占用信道的线路。

在 TDMA 方式中，固定分配的接入方式将每帧分成固定长度的时隙，并将这些时隙周期的和规则的提供给用户。这种分配的固定特性造成了一个用户在没有数据传输的情况下，网络的利用率很低，分给用户的信道没有被利用，这是对信道资源的一种浪费。甚至在用户有数据传输时，这种方式效率也是低下的，因为这种方式不能随通信需求的改变而改变，当用户业务量增加时没有足够的时隙，而业务量减少时又不能充分利用现有的时隙。对于可变比特率突发的传输，最大速率传输时用户必须分配有足够的时隙，此外终端还要保留一定的冗余，这就要分配给用户所需求的最多的时隙数，因此难免要产生一定的时隙浪费。

2. 按时预分配方式

根据统计，事先知道了各地球站间业务量随时间的变化规律，因而在一天内可按约定对信道作几次固定的调整，这种方式就是按时预分配方式。显然，其通道利用率要比固定预分配方式要高。但从具体时刻来说，它仍然属于固定预分配方式，因此也仅适用于大容量的通信线路。

7.7.2 按需分配方式

按需分配方式（Desire Allocation，DA）是一种分配可变的制度，在按需分配方式下，卫星网络能够按照各个地面站对资源的不同需要，对资源进行动态分配，因此必须具有低需求地面站和高需求地面站之间信道分配的转换。

在 CDMA 和 FDMA 的按需分配方式中，在一个给定地面站的连接周期里，通过分配给它一组正交码中的一个给定码或一个给定频带，就可以把给定的信道容量按需分配给这个地面站。按需分配在“每个地面站到站间的连接采用一个载波”的路由技术中是直接明了的，这种方案也包含了“单路单载波”（SCPC）的概念。当考虑到“每个发送地面站对应多个载波复用”的按需分配技术时，为了实现使用者连接到不同地面站时的复用，需要采取连接比例可调的方案。如果不考虑每个载波的复用连接，而仅考虑“每个地面站到站间的连接采用一个载波”的技术，那么地面站必须装配一些具有可变容量复用器的发射机，这就意味着设备将会增加且缺乏灵活性。

TDMA 的按需分配提供了更大的灵活性，通过调节帧时隙的长度和位置就可以获得按需分配，而完成这些需要一个时隙的同步改变。在按需分配的接入方式中，各地面站根据实际需要向系统请求动态的按需分配上行链路的信道。因此，原则上这种方式满足了各个地面站时变的带宽要求，并且不会浪费资源。动态分配利用了信道的冗余提高了系统通信的吞吐量。

7.7.3 其他分配方式

1. 动态分配

动态分配是系统根据终端申请要求，将系统的频带资源实时地分配给地球站或卫星通信终端，从而能高效的利用转发器的频带，或者短时间内占用大量的资源。这种分配制度主要用于数字语音、视频的大数据量传输。

2. 随机分配

随机分配是指通信中各种终端随机的占用卫星信道的一种多址分配制度。由于数据通信一般是间断、不连续地使用信道，且数据组的发送时间随机，因而如果使用预分配或按申请分配这两种方式，则信道利用率很低，而采用随机占用信道方式可大大提高信道利用率。这种多址方式适用于卫星移动通信的分组通信方式。

7.7.4 信道分配的控制方式

除固定分配和随机接入卫星信道的多址方式以外，按需分配多址方式应用最为广泛。因为它能够灵活地调动和使用信道，提高信道利用率，充分利用卫星转发器资源。要使按需分配能依照所设计的方案有效地得到执行，还必须配置相应的信道分配控制方式。预约申请的信道分配控制方式大致可以分为集中控制、分散控制与混合控制三种类型。

（1）集中控制方式：在星状卫星通信系统中，一般使用集中控制方式来分配信道。集中控制方式是指网络的信道分配指令信号、状态监测、业务量统计和计费等数据信息，均由设在主站的主计算机来执行。根据通信网络传输的业务种类及多址方式，往往在一个分帧里划出一个时隙来传输控制指令和网管信号，有时也单独使用一个信道来传输控制指令和网管信号。在集中控制星状网络结构的情况下，任意两个地面站的通信必须通过主站进行。

（2）分散控制方式：在网状卫星通信网络中，一般使用分散控制方式来分配信道。分散控制方式是指信道分配、指令信号、状态监测、业务量统计、计费等数字信号及传输的业务信息均以点对点为基础，各地面站之间直接联系，形成网状网络。分散控制方式使用灵活、方便，建立通信线路时间短，对卫星信道利用率高。

（3）混合控制方式：这种方式是指信道分配指令信号、状态监测、业务量统计、计费等信号，均经主站的计算机来执行，形成星状网结构。而业务通信信号不经过主站，各站之间直接进行联系。

本章要点

1. 多址接入（Multiple Access）是指多个地球站通过共用的卫星信道，同时建立各自的信道，从而实现各种地球站相互之间通信的一种方式。多址复用（Multiplex）是将单一媒介划分成很多子信道，这些子信道之间相互独立，互不干扰。多址复用本质上是系统的传输特征，而多址接入则属于系统的业务特征。可以说多址接入一定要多址复用，但是多址复用不一定要多址接入，也可以是单个发射台占用多个子信道，用于数据高速、大量传输。

2. 目前常用的多址方式有频分多址（FDMA）、时分多址（TDMA）、码分多址（CDMA）和空分多址（SDMA）以及它们的组合形式。

3. TDMA 帧参数如下：

总比特长度为

$$L_{\mathrm{A}} = B_{\mathrm{r}} + mB_{\mathrm{p}} + mnL$$

总占用时长为

$$T_{\mathrm{A}} = T_{\mathrm{f}} - (m+1)T_{\mathrm{g}}$$

系统传输比特率为

$$R_{\mathrm{b}} = \frac{L_{\mathrm{A}}}{T_{\mathrm{A}}} = \frac{B_{\mathrm{r}} + mB_{\mathrm{p}} + mnL}{T_{\mathrm{f}} - (m+1)T_{\mathrm{g}}}$$

数据分帧所占时间为

$$\begin{aligned} T_{\mathrm{b}} &= T_{\mathrm{f}} - (B_{\mathrm{r}} + mB_{\mathrm{p}})/R_{\mathrm{b}} - (m+1)T_{\mathrm{g}} \\ &= mnL/R_{\mathrm{b}} \end{aligned}$$

帧效率为

$$\eta_{\mathrm{f}} = \frac{T_{\mathrm{b}}}{T_{\mathrm{f}}}$$

4. ALOHA 方式，是最早的随机多址接入方式，目前仍得到广泛应用。在此方式中，系统内各用户之间无需任何协调，每个站收到数据分组后就可以立即发送。

5. 信道分配方式实际上就是指如何进行信道分配，所采用的多址方式不同，其信道内含不同。分配方式大体可以分为预分配方式、按需分配方式、动态分配方式、随机分配方式以及它们的混合方式。

习 题

1. 简述多址技术的概念、分类，及其分别的工作原理。

2. 简述 MC-FDMA 的工作原理。

3. 已知一个 TDMA 系统，采用 QPSK 调制方式，设帧长为 T_{f}=250μs，系统中所包含的站数 m=8，各站所包含的信道数相同 n=3，保护时间 T_{g}=0.3μs，基准分帧的比特数 B_{r} 与各报头数 B_{p} 分别为 80bit 和 90bit，每个信道传输 386bit。求该系统的信号速率、码元速率、分帧长度、帧效率和传输所需带宽？（滚降系数为 0.3）

4．已知一个 3×3 的波束间交换矩阵如下图，请根据分帧编排法分解该矩阵，并画出分帧排列。

2	1	4
4	3	2
1	4	1

5．你对 ALOHA 工作方式是怎样理解的？它有什么优点？

6．请说出几种常用的信道分配方式，并简述其工作方式。

第3篇

微波传播特点及链路参数计算

第8章

微波与卫星通信中的电波传播

本章核心内容

- 影响电磁波传播的因素
- 自由空间损耗
- 对流层对于电波传播的影响
- 多普勒效应
- 衰落的统计特性
- 频率选择性衰落及其建模
- 常用的抗衰落技术

在卫星通信系统中，不同地球站间的信息传输是通过空间的卫星转发器实现的，所传输的射频电磁波频率较高，在电磁波传播的无线信道中，自由空间损耗、大气反射折射、各种雨、雪、雾等分子吸收，地面物体的反射、折射和阻挡，都会对电磁波的传播带来一定的影响，产生一定的衰落现象，随之产生了一些抗衰落技术，本章将对以上提到的这些问题进行分析。

8.1 影响电磁波传播的主要因素

电磁波在地球站和卫星之间的传播必须要穿过地球大气层，其中包括地面、对流层、电离层和自由空间，如图8-1所示，这些都将对电磁波的传输带来一定的传播损耗。

电磁波传播损耗主要包括：

（1）由于传播扩散造成的信号衰减，即自由空间损耗；

（2）由于大气折射造成的大气层多径现象；

（3）由于降雨或冰晶造成的信号去极化现象；

（4）由于地面物体的反射多径或阻挡造成的多径现象；

（5）由于对流层和电离层的折射率起伏造成的信号闪烁。

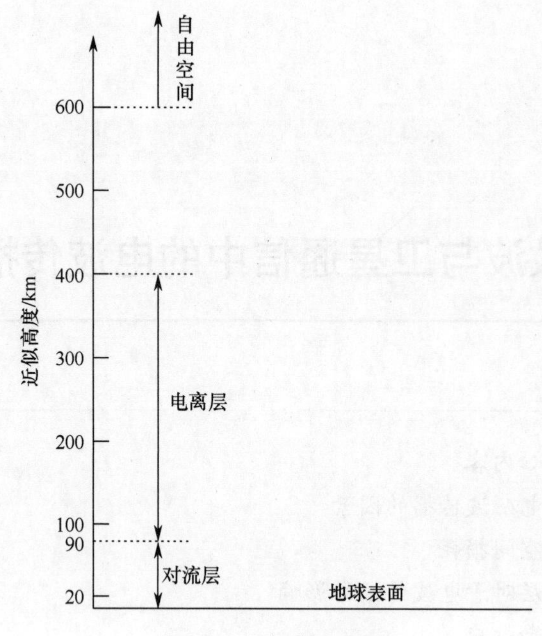

图 8-1　地球大气层分层

8.2　自由空间损耗

8.2.1　自由空间损耗的概念

1. 惠更斯—菲涅尔原理

惠更斯提出了电磁波的波动性学说，菲涅尔在这个基础上又提出了“菲涅尔区”的概念，进一步解释了电磁波的反射、绕射等现象。

惠更斯原理关于光波或电磁波波动学说的基本思想是：光和电磁波都是一种振动，振动源周围的媒质是有弹性的，故一点的振动可通过媒质传递给邻近的质点，并依次向外扩展，而成为在媒质中传播的波。根据惠更斯原理的基本思想可认为，一个点源的振动传递给邻近的质点后，就形成了二次波源、三次波源等。若点源发出的是球面波，那么由点源形成的二次波源的波前面也应是球面波。在长距离的微波或卫星通信中，当发信天线的尺寸远小于站间距离的时候，可以把发信天线近似看成一个点源。

2. 自由空间损耗

根据惠更斯原理，在整个电磁波传输过程中，即使不发生反射、折射、吸收和散射等现象，也会发生能量向空间扩散而损耗的现象，这称为自由空间损耗。电波被天线辐射后，便向周围空间传播，由电磁波传播原理可知，每个辐射出去的平面上的点都可以当做新的信源，继续向四周辐射。传播距离越远，到达接收地点的能量越小，如同一只灯泡所发出的光一样，均匀地向四面八方扩散出去。下面结合图 8-2 对自由空间损耗的大小进行推导。

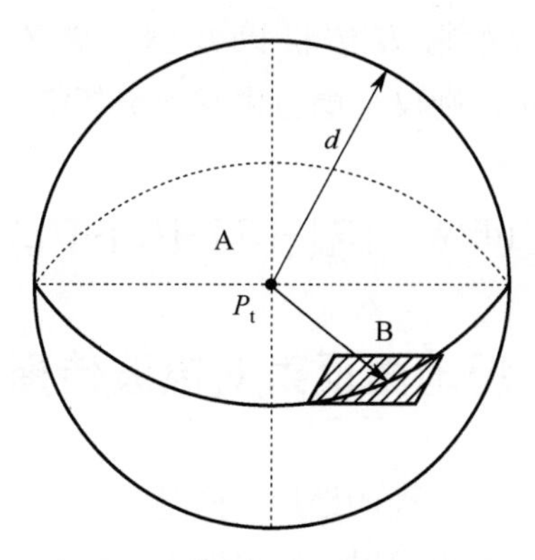

图 8-2　计算自由空间损耗示意图

假定发信设备 A 位于球体中心，使用无方向性天线，以功率 P_t (W)向周围空间辐射波长为 λ(m)的电磁波，接收天线 B 和 A 之间的距离为 d(m)，则 A 发信设备在半径为 d 的球面各点功率相同，总和为 P_t，则球面上单位面积的平均功率为

$$S = \frac{P_t}{4\pi d^2} \tag{8-1}$$

对于接收天线 B，若天线增益为 0dB，即对信号没有放大，根据式（4-5），其有效面积 A_e 为

$$A_e = \frac{\lambda^2}{4\pi} \tag{8-2}$$

这样，一个无方向性天线在 B 天线处收到的功率 P_r 为

$$P_r = S \cdot A_e = P_t \cdot (\frac{\lambda}{4\pi d})^2 \tag{8-3}$$

则定义自由空间损耗 L_s 为发射功率与接收功率的比值为

$$L_s = \frac{P_t}{P_r} = (\frac{4\pi d}{\lambda})^2 = (\frac{4\pi df}{c})^2 \tag{8-4}$$

式中：f 为电磁波频率（Hz）；c 为电磁波的传播速度（m/s），近似为光速。

将式（8-4）改写为 dB 形式，则有

$$[L_s] = 10\lg(L_s) = 20\lg(\frac{4\pi df}{c}) \text{ (dB)} \tag{8-5}$$

当距离 d 以 km 为单位，频率 f 以 GHz 为单位时，将常数进行折算，式（8-5）可写为

$$[L_s] = 92.4 + 20\lg d + 20\lg f \text{ (dB)} \tag{8-6}$$

当频率以 MHz 为单位时，还可写为

$$[L_s] = 32.4 + 20\lg d + 20\lg f \text{ (dB)} \tag{8-7}$$

式中：$[x]$代表对数值取 dB，$[x]=10\lg(x)$。

8.2.2　自由空间传播条件下收信功率的计算

微波通信中实际使用的天线均为有方向性天线，设收发天线增益分别为$[G_r]$(dB)，

$[G_t]$(dB)。此外，收发两端的收发信机以及馈线都有损耗，分别为$[L_{br}]$(dB)，$[L_{bt}]$(dB)，$[L_{fr}]$(dB)，$[L_{ft}]$(dB)，则仅考虑自由空间损耗$[L_s]$，不考虑其他损耗下，接收机输入功率为

$$[P_r]\,(\text{dBW}) = [P_t]\,(\text{dBW}) + [G_t] + [G_r] - [L_{bt}] - [L_{br}] - [L_{ft}] - [L_{fr}] - [L_s] \qquad (8\text{-}8)$$

8.3 平坦地面反射对电波传播的影响

对于不同路由的中继段，当地面的地形不同时，对电波传播的影响也不同，主要影响有反射、绕射和地面散射。地面散射主要表现为乱反射，对主波束影响较小，这里不予讨论，绕射将在刃形障碍物以及对流层对电波传播影响部分讨论。

反射影响的主要表现是：平面可以把天线发出的一部分信号能量反射到接收天线，尤其是平静湖面或水面反射更加剧烈，反射波同直射波产生干涉，并与直射波信号在收信点进行矢量相加，其结果是根据相加相位的不同，导致接收功率增加或减小。

另外需要指出的是，这里指的平坦地面是从忽略地球凸起高度的角度去认识和讨论的。

8.3.1 菲涅尔区的概念

1. 菲涅耳区的概念

如图8-3所示，假定P为地面上的一点，也就是反射点，T和R分别为发信天线和接收天线的位置，它们离地面具有一定的高度。为了研究地面反射波对电波传播影响的规律，应先找到反射点P的轨迹。在几何中曾经学过，平面上一个动点P到两个定点T和R距离之和$PT+PR$为常数的点的集合为一个椭圆。在三维空间中，这样点的集合为一个椭球面。设T和R之间的距离为d，当$PT+PR$为$d+\lambda/2$时，即反射路径和直射路径距离差为半波长的时候，显然二者相位相反，此时P点的轨迹处于第一菲涅尔椭球面，若该常数为$d+n\lambda/2$时，P点的轨迹为第n菲涅尔椭球面。

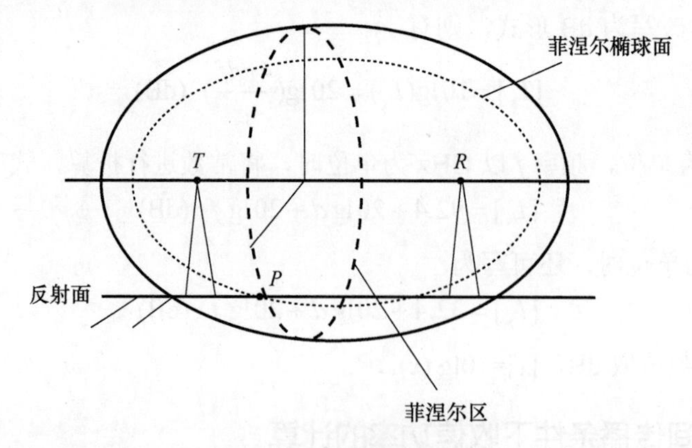

图8-3 菲涅尔区的形成

结合图 8-3，从 T 点发出的且过 P 点的球面波，会和 n 个菲涅尔椭球面都会相交，并形成 n 个圆，这些圆所包围的平面与 TR 之间的连线垂直，其中半径最小的圆，即最为中心的圆，称为第一菲涅耳区，其外面依次为第二菲涅耳区，直至第 n 菲涅尔区。

2. 菲涅耳区半径及其对信号传播的影响

菲涅尔区上的点 P 到 TR 连线的最短距离称为该菲涅尔区半径，用 F 表示，如第一菲涅尔区半径用 F_1 来表示，第一菲涅尔区半径是工程上很重要的物理量，如图 8-3 所示，P 为第一菲涅尔区上的一点，P 到 T 的水平距离为 d_1（m），到 R 的水平距离为 d_2（m），电磁波波长为 λ（m），则经推导，可近似得到

$$F_1 = \sqrt{\frac{\lambda d_1 d_2}{d}}\ (\text{m}) \tag{8-9}$$

同样可求，第二菲涅尔区半径为

$$F_2 = \sqrt{\frac{2\lambda d_1 d_2}{d}} = \sqrt{2}F_1 \tag{8-10}$$

第 n 菲涅尔区半径为

$$F_n = \sqrt{\frac{n\lambda d_1 d_2}{d}} = \sqrt{n}F_1 \tag{8-11}$$

由式（8-9）可知，当反射点 P 在路径中所处的位置不同时，菲涅尔区半径也就不同。P 在路径中点时，即 $d_1=d_2$，此时的第一菲涅尔区半径有最大值 F_{1m}。在工程设计时，已将站距、微波频率和 F_{1m} 三者的关系制成曲线，如图 8-4 所示，若想求任意一点的 F_1 值，请参见图 8-5（b）所示，其中 $F_1=pF_{1m}$，求出 d_1/d 后，再由图 8-5（a）找出 p，然后求得。得到了 F_1 值，进而就可以确定两站的建设高度。

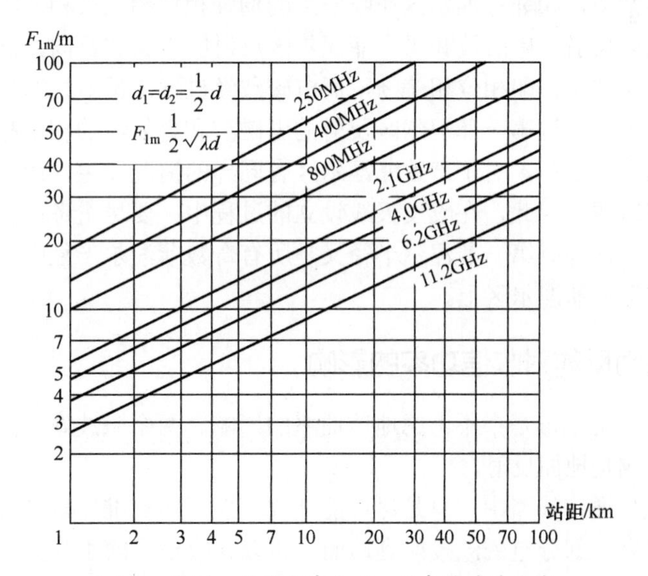

图 8-4　站距、微波频率和 F_{1m} 三者的关系曲线

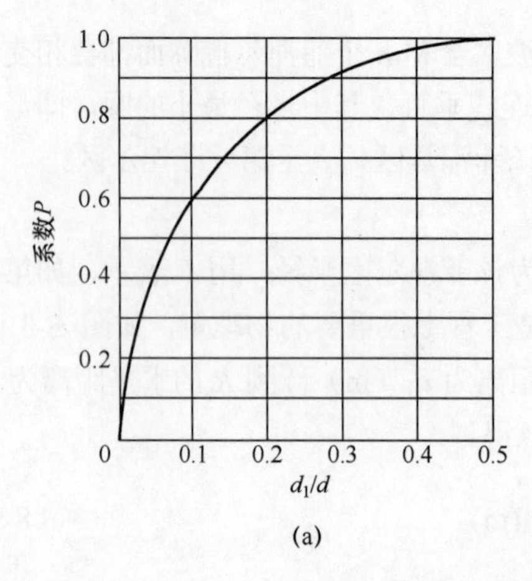

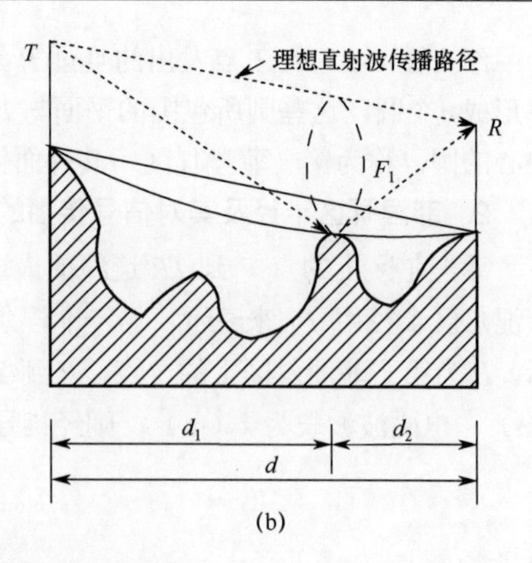

图 8-5　任意一点的 F_1 值的求解方法

（a）d_1/d 与 p 的关系曲线；（b）d_1、d_2、d 关系图。

思考题：利用上面的图求 F_1，其中 f=800MHz,d=20km,d_1=5km。注意物理量的单位。

经分析可以知道，相邻菲涅尔区在收信点的场强相位相反（相位相差 π）。也就是说，第二菲涅尔区反射的电磁波和第一菲涅尔区反射的电磁波反向，而第一菲涅尔区和直射波路径相差半波长，即相位相差 π，而电磁波经过一次反射，产生半波损失，即相位再次相差 π，因此经过第一菲涅尔区反射的电磁波和直射波的相位相同，二者合成后会使收信场强增强。这样，对于奇数菲涅尔区有同样的情况发生，而对于偶数菲涅尔区则会使收信场强减弱。因此，在收发天线设立的过程中，要尽量考虑将主要的反射点落在奇数菲涅尔区上，同时第一菲涅尔半径又是所有奇数菲涅尔半径中最小的，所以要尽量使反射点落在第一菲涅尔区上。

8.3.2　平坦地面反射对收信功率的影响

这里所述的平坦地形是指不考虑地球曲率的影响。两个微波站之间通信时，对电波传播最主要的影响是地面反射。

在实际的微波通信线路中，总是尽可能把收、发天线对准，以使接收端收到较强的直射波。但总会有一部分电磁波投射到地面，所以在收信点除了收到直射波外，还要收到经地面反射并满足反射条件（入射角等于反射角）的反射波，如图 8-6 所示。

图 8-6 中 P 为地面上的反射点，θ 为入射角，h_t 和 h_r 为发端和收端的天线高度，h_c

是反射点到 TR 连线，且垂直于地面的距离，称为余隙。余隙可以为负值，这时说明反射点的高度高出了 TR 的连线，电磁波需要绕射通过。

结合图 8-6 推导一下由直射波 TR 和反射波 $TP+PR$ 在收信点的合成场强。

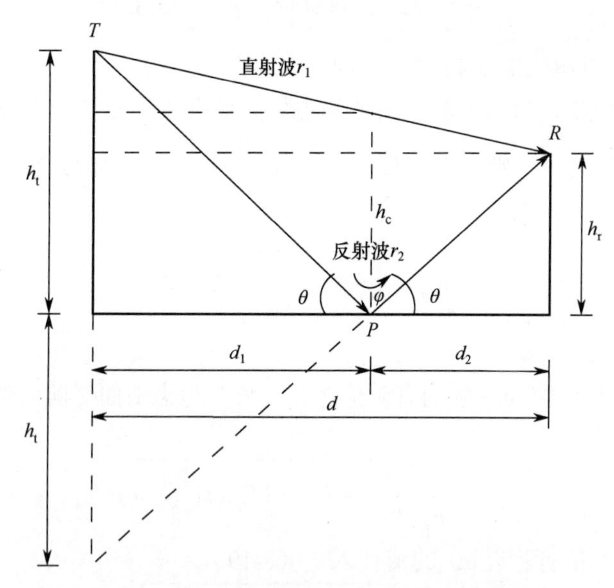

图 8-6　两天线直射波与反射波几何关系图

1. 直射波与反射波的行程差 Δr 的计算

r_2 和 r_1 分别为反射径和直射径的路径长度，$\Delta r=r_2-r_1$ 为行程差，结合图 8-6，利用勾股定理可知

$$\begin{aligned}\Delta r = r_2 - r_1 &= \sqrt{(h_t+h_r)^2+d^2} - \sqrt{(h_t-h_r)^2+d^2} \\ &= \frac{[(h_t+h_r)^2+d^2]-[(h_t-h_r)^2+d^2]}{\sqrt{(h_t+h_r)^2+d^2}+\sqrt{(h_t-h_r)^2+d^2}} \\ &= \frac{4h_t h_r}{\sqrt{(h_t+h_r)^2+d^2}+\sqrt{(h_t-h_r)^2+d^2}}\end{aligned} \tag{8-12}$$

在实际情况下，两站距离 d 要远大于天线高度 h_t 和 h_r，因此有

$$\Delta r = r_2 - r_1 \approx \frac{2h_t h_r}{d} \tag{8-13}$$

根据几何关系，余隙 h_c 有

$$h_c = \frac{d_2}{d} 2h_t \tag{8-14}$$

因此，结合式（8-9）以及 h_t 和 h_r 的关系，有

$$\Delta r = r_2 - r_1 \approx \frac{2h_t h_r}{d} = \frac{\lambda}{2}\frac{h_c^2}{F_1^2} \tag{8-15}$$

2. 收信点有效场强的计算

设 E_0 为自由空间传播时电场强度的有效值，则直射波场强的瞬时值为

$$e_1 = \sqrt{2}E_0 \cos\omega t \tag{8-16}$$

反射波场强的瞬时值为

$$e_2 = \sqrt{2}E_0 \varGamma \cos[\omega t - \varphi - \frac{2\pi}{\lambda}\Delta r] \tag{8-17}$$

式中：$\varGamma$ 为反射系数的模；φ 为反射波的相角。

从上面的分析可知，直射波和反射波的电场强度有效值分别为 E_0 和 $E_0\varGamma$，又经过一次反射，反射波相角为 π，则二者的相位差为 $\pi+\frac{2\pi}{\lambda}\Delta r$，利用余弦定理可知，收信点的合成场强有效值为

$$E = \sqrt{E_0^2 + E_0^2\varGamma^2 + 2E_0^2\varGamma\cos(\frac{2\pi}{\lambda}\Delta r)} \tag{8-18}$$

3. 衰落因子 V 的计算

合成场强 E 与自由空间场强的有效值之比，称为考虑地面影响时的衰落因子 V，可表示为

$$V = \frac{E}{E_0} = \sqrt{1+\varGamma^2 + 2\varGamma\cos(\frac{2\pi}{\lambda}\Delta r)} \tag{8-19}$$

将前面计算得到的行程差 Δr 的值代入式（8-19），得

$$V = \sqrt{1+\varGamma^2 - 2\varGamma\cos[\pi(\frac{h_c}{F_1})^2]} \tag{8-20}$$

地形使电波反射对收信功率（或场强）的影响由 V 来表征，即实际的收信点功率 P_r 为

$$[P_r] = [P_{r0}] + V_P \text{（dBW）} \tag{8-21}$$

式中：P_{r0} 为未考虑地面影响时的自由空间收信功率；$V_P=[V]/2$。

式（8-20）表明了衰落因子 V 与相对余隙 h_c/F_1 的定量关系。对 V 的计算，只要求出相对余隙 h_c/F_1，问题就可解决。工程上已制成 $V—h_c/F_1$ 曲线，可使计算大大简化，如图 8-7 纵向虚线的右部所示。其中 n=1,2,3,…为菲涅尔区序号，横坐标 $h_c/F_1=\sqrt{n}$。

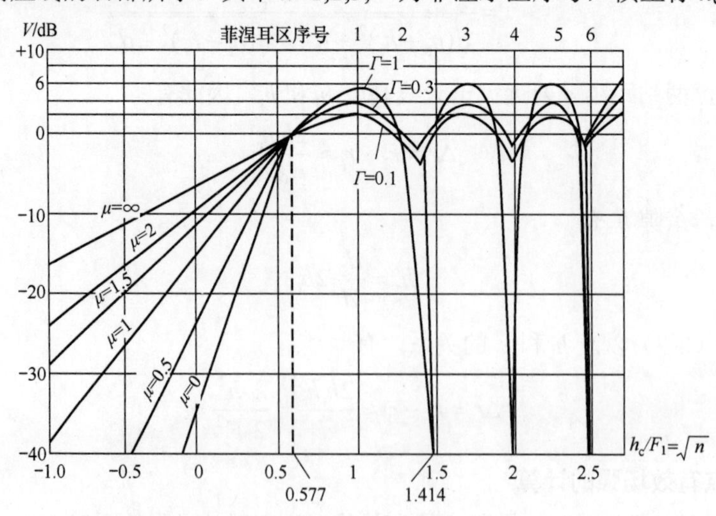

图 8-7 $V—h_c/F_1$ 曲线

4. 反射系数 Γ 的意义

Γ值与地面条件有关，表 8-1 列出了不同地形条件的反射系数及损耗的经验数据可供参考。表中的“反射损耗”为 dB 值，表明与入射波相比，反射波场强的减弱程度。Γ=1 认为近似于镜面反射，反射对场强没有损失。Γ 越小，反射对场强的损失越大。

表 8-1　不同地形条件时的反射系数及损耗

频率	水面（湖面）		稻田		旱田		城市、山区、森林	
	Γ	反射损耗/dB	Γ	反射损耗/dB	Γ	反射损耗/dB	Γ	反射损耗/dB
2GHz	1.0	0	0.8	2	0.6	4	0.3	10
4GHz	1.0	0	0.8	2	0.5	6	0.2	14
6GHz	1.0	0	0.8	2	0.5	6	0.2	14
11GHz	1.0	0	0.8	2	0.4	8	0.16	16

5. 自由空间余隙

若在 Γ=1 的情况下，考虑地面的影响，出现收信功率等于自由空间传播条件下的接收功率，即 $V=1$ 时，相对余隙 h_c/F_1 的最小值为 $h_c/F_1=\sqrt{1/3}=0.577$，把取到这个值时的余隙值称为自由空间余隙，并用 h_0 来表示，记为

$$h_0=\frac{F_1}{\sqrt{3}} \tag{8-22}$$

思考题：自由空间余隙有怎样的物理意义？

自由空间余隙是保证反射不造成功率损耗时的余隙最小值，按照自由空间余隙架设的天线高度，即可认作为可以参考的最小、最经济天线架设高度。

视距微波通信根据路径余隙 h_c 和自由空间余隙 h_0 的大小关系将线路分为三类：

（1）$h_c \geqslant h_0$ 称为开路线路。其衰落因子的估算可以借助图 8-7；但因曲线族数量有限，作精确计算时使用式（8-20）为宜。

（2）$0<h_c \leqslant h_0$ 称为半开路线路，即路径上带有刃形障碍物的情况，在 8.4 节中将予以讲解。

（3）$h_c \leqslant 0$ 称为闭路线路。路径上有较大高地、山岭等障碍物造成，衰落效应极其明显，如图 8-6 负半轴所示。

6. 相对余隙与菲涅尔区的关系

若相对余隙 h_c/F_1 等于菲涅尔区序号的开方值 $\sqrt{n}$ 时，讨论以下几种情况：

（1）当 $h_c/F_1=1$ 时，即 $h_c=F_1$，说明这时的余隙值与第一菲涅尔区半径相等，反射点

正好落在第一菲涅尔区上，此时地面反射波与直射波在接收端同相相加，若 Γ=1，则根据式（8-20），可得 V=2，V=6dB。

（2）当 $h_c/F_1=\sqrt{2}$ 时，说明反射点落在第二菲涅尔区上，这时地面反射波与直射波在接收端反相相加，造成深度衰落，此时 V=−40dB。

（3）当 $h_c/F_1=\sqrt{3}$ 时，又会出现反射点落在第三菲涅尔区的情况，造成信号同相相加，使接收信号得到增强。

综上所述，当地面反射点落在奇数菲涅尔区（及其附近）时，地面反射将为收信功率带来加强（V>0）值；当地面反射点落在偶数菲涅尔区（及其附近）时，地面反射将为收信功率带来减弱（V<0）值。这就是相对余隙同菲涅尔区的关系，也是天线设计者在设计天线高度时所要考虑的主要问题，即如何让反射点尽量落在奇数菲涅尔区或其边缘，使接收信号得到加强。

8.4 路径上刃形障碍物的阻挡损耗

在实际的微波信道中，经常会遇到传输路径上的刃形障碍物，如图 8-8 所示。这时刃形障碍物不可能遮挡住所有的菲涅尔区，所以在收信点只要有一定数量的菲涅尔区空间不被遮挡，电波就能绕过刃形障碍物，使收信场强达到一定的数值。

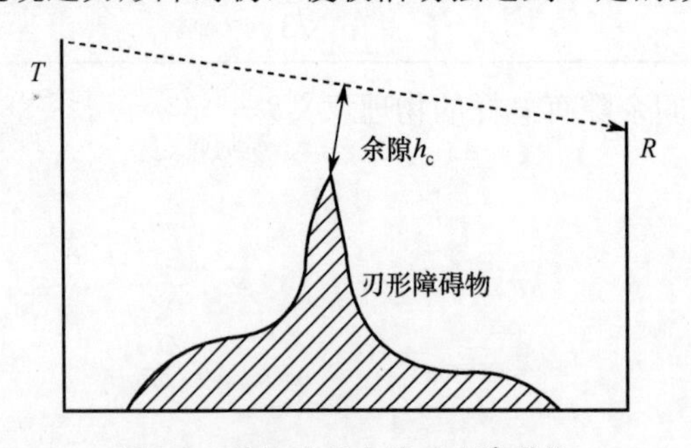

图 8-8 传输路径上的刃形障碍物

设刃形障碍物顶部到 TR 连线的铅垂距离为余隙 h_c，障碍物顶部在 TR 连线以下时，$h_c>0$。反之，若障碍物顶部在 TR 连线以上时，$h_c<0$。工程上已根据菲涅尔绕射理论绘成障碍物附加损耗 V_{dB} 和相对余隙 h_c/F_1 的关系曲线，从而将障碍点附近电波传播的情况与第一菲涅尔区半径联系起来，如图 8-9 所示。刃形障碍物的阻挡使电波传播损耗增加，这个增加的损耗称为附加损耗，这将使自由空间条件下的收信点功率降低。

由图 8-9 可以看出，在传播路径上有刃形障碍物阻挡时，如果障碍物的尖峰恰好落在收发两端天线 TR 的连线上时（h_c=0），查图可知附加损耗为 6dB；当障碍物峰顶超出 TR 连线时（h_c<0），附加损耗快速增加；当障碍物峰顶在 TR 连线以下，且余隙超过自由空间余隙（$h_c>h_0$，$h_c/F_1>\sqrt{1/3}$）时，则附加损耗将在 0dB 上下少量变动，这时实际路径的传播损耗将与自由空间损耗的数值接近。

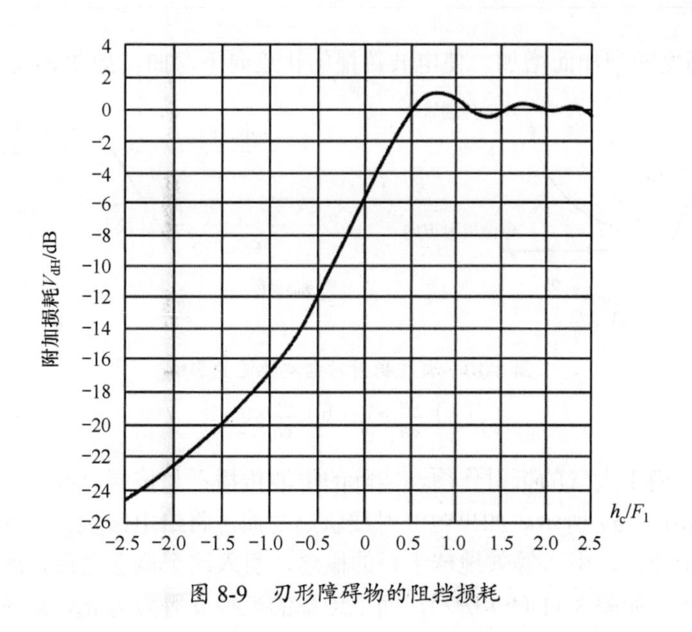

图 8-9　刃形障碍物的阻挡损耗

8.5　对流层对于电波传播的影响

对流层是指自地面向上大约 10km 范围的低空大气层，对流层集中了整个大气质量的 3/4，当地面受太阳照射时，地表温度上升，地面放出的热量使低温大气受热膨胀，进而造成了大气密度不均匀，于是产生了大气的对流运动。

对流层对微波传播的影响，主要表现在：

（1）由于对流层的大气密度不均匀，导致电磁波传播方向的改变，产生大气折射现象；

（2）由于气体分子谐振引起对电磁波能量的吸收，这种吸收对波长 2cm 以下的微波比较显著；

（3）由于雨、雾、雪引起对电磁波能量的吸收，这种吸收对波长 5cm 以下的微波比较显著。

8.5.1　大气折射对于电磁波传播的影响

大气折射率 n 是指电磁波在自由空间中的传播速度 c 与在大气中的传播速度 v 之比，记作

$$n=\frac{c}{v} \tag{8-23}$$

折射率梯度表示折射率随高度的变化率，它体现了不同高度的大气压力、温度及湿度对大气折射的影响，表示为 $\frac{\mathrm{d}n}{\mathrm{d}h}$。类似于光波的折射原理，当 $\frac{\mathrm{d}n}{\mathrm{d}h}>0$ 时，n 随高度的增加而增加，由式（8-23）看出，v 与 n 成反比。所以，在这种情况下，v 随高度的增加而减小，使电波传播的轨迹向上弯曲，如图 8-10（a）所示。当 $\frac{\mathrm{d}n}{\mathrm{d}h}<0$ 时，n 随高度的增加

而减小，v 随高度的增加而增加，使电波传播的轨迹向下弯曲，如图 8-10（b）所示。

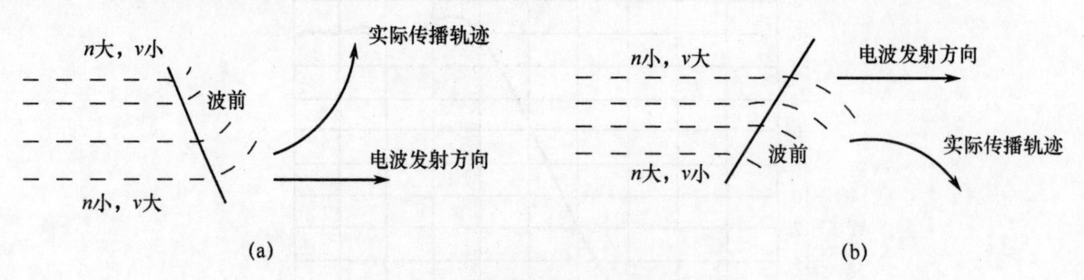

图 8-10　大气折射对电波轨迹的影响

（a）$\frac{\mathrm{d}n}{\mathrm{d}h}>0$；（b）$\frac{\mathrm{d}n}{\mathrm{d}h}<0$。

综上所述，由于大气的折射作用，实际的电波传播不是按照直线进行，而是按曲线传播的，如图 8-11（a）所示。如果电波射线轨迹弯曲，将给电路设计及计算带来很大的麻烦。为了便于分析，引入等效地球半径的概念，引入这个概念之后，就可以把电波射线仍然看成直线，如图 8-11（b）所示，而把地球的半径 a 等效为 a_e，地球半径的改变实际上改变了电磁波传播路径上地球的隆起高度，进而使电磁波和地球表面的高度差保持恒定。

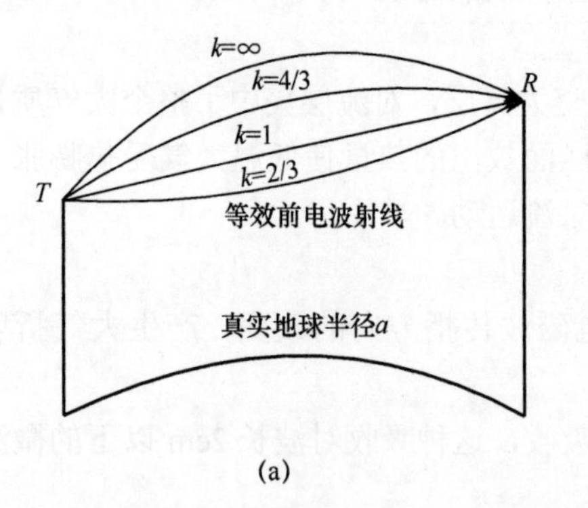

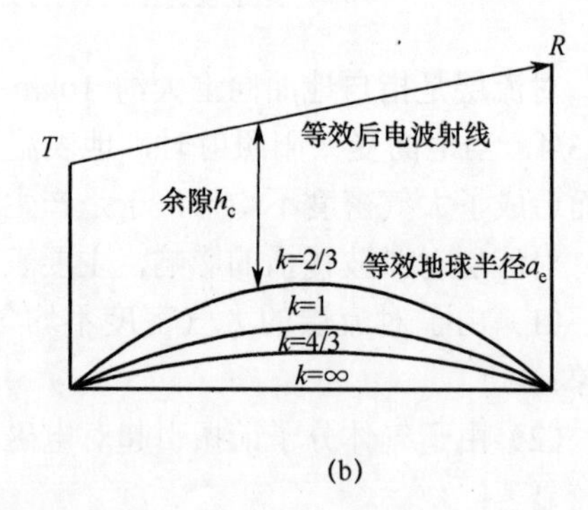

图 8-11　等效地球半径

（a）等效电波射线；（b）等效后的情况。

定义 K 为等效地球半径系数为

$$K=\frac{a_{\mathrm{e}}}{a} \tag{8-24}$$

K 与折射率的关系为

$$K=\frac{1}{1+a\frac{\mathrm{d}n}{\mathrm{d}h}} \tag{8-25}$$

式中：a 为实际地球半径，a=6370km。由式（8-25）可见，K 决定于折射率梯度 $\frac{\mathrm{d}n}{\mathrm{d}h}$，而 $\frac{\mathrm{d}n}{\mathrm{d}h}$ 又受到温度、湿度和压力等条件的影响，所以 K 是反映对流层气象条件变化对电磁波传播影响的重要参数，是电路设计时必须考虑的重要参数。

大气折射使电磁波射线路径发生弯曲，这将导致余隙的变化，而余隙的变化必然引起 V_{dB} 的变化，进而使收信点的接收功率发生变化。前面已经讨论过，当使用等效地球半径的概念后，虽然折射使电波射线弯曲，但仍可视电磁波射线为直线，而认为地球凸起有了变化，即地球半径由实际半径 a 变为等效半径 a_e，如图 8-12 所示。图中，实线为实际地球凸起高度 h，虚线为等效后的地球凸起高度 h_e。

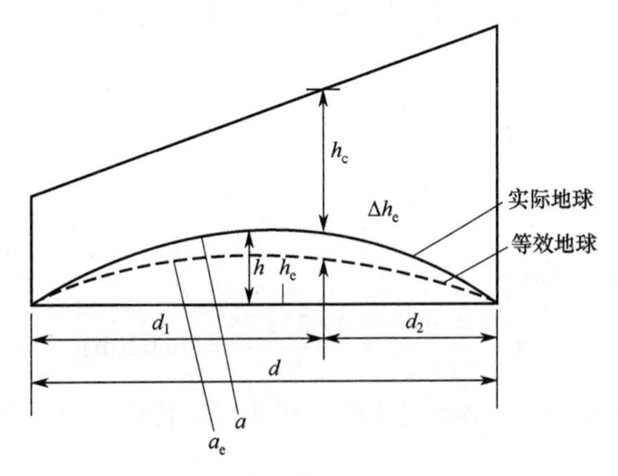

图 8-12　折射引起余隙的变化

当无折射时，地球半径为 a，余隙为 h_c，地球凸起高度为 h，d_1 和 d_2 为反射点到收发两端的水平距离。由几何知识可知，则一个中继段之间任意点的地球凸起高度约为

$$h \approx \frac{d_1 d_2}{2a} \tag{8-26}$$

当考虑电波折射后，地球等效半径为 a_e，则等效后地球的凸起高度为

$$h_e = \frac{d_1 d_2}{2a_e} = \frac{d_1 d_2}{2Ka} \tag{8-27}$$

当 d_1、d_2 以 km 为单位时，将地球半径代入式（8-27），得

$$h_e = \frac{4}{51}\frac{d_1 d_2}{K}\,(\mathrm{m}) \tag{8-28}$$

从式（8-28）可以看出，若两天线高度不变，存在以下两种情况：

（1）若 $K>1$ 时，等效地球的凸起高度变小，说明电磁波传播余隙增大，有利于电磁波的传播；

（2）若 $K<1$ 时，等效地球的凸起高度变大，说明电磁波传播余隙减小。

在类似我国的温带地区，称 $K=4/3$ 时的大气为“标准大气”，它代表了温带地区气象条件的平均情况，而一般来说，K 的变化范围为 2/3～ $+\infty$。

【例】设微波通信频率为 8GHz，站距为 50km，收发天线等高，路径为平坦的地球表面时，求：当考虑地球凸起影响，但不计大气折射时，为保证电磁波的自由传播不受影响，则收发天线高度至少要高？当考虑大气折射以及地球凸起影响时（$K=4/3$），还要保证电磁波的自由传播不受影响，则收发天线高度至少要高？

解：（1）根据题意，所给地形为平坦地球表面，故可设线路终点为地球凸起高度最高点和反射点。如下图所示。

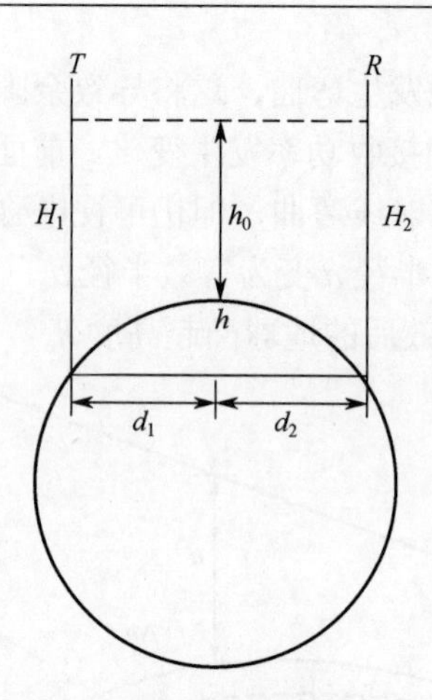

当不考虑大气折射情况时，K=1，地球凸起高度为

$$h_e = \frac{4}{51}\frac{d_1 d_2}{K} = \frac{4\times 25\times 25}{51} = 49.02(\text{m})$$

为了保证电磁波的自由传播不受影响，还要保证传播余隙至少等于自由空间余隙 h_0，即

$$h_0 = \frac{F_1}{\sqrt{3}} = \sqrt{\frac{1}{3}\frac{\lambda d_1 d_2}{d}} = 12.50\ \ (\text{m})$$

若考虑地球凸起影响，但不计大气折射，为保证电磁波的自由传播不受影响，则收发天线高度至少为地球凸起高度与自由空间余隙之和，即

$$h_{\min} = h_e + h_0 = 61.52\ (\text{m})$$

（2）若考虑大气折射影响，则地球等效凸起高度变为

$$h'_e = \frac{4}{51}\frac{d_1 d_2}{K} = \frac{4\times 25\times 25}{51\times \frac{4}{3}} = 36.77(\text{m})$$

若考虑地球凸起影响，且考虑大气折射，为保证电磁波的自由传播不受影响，则收发天线高度至少为地球等效凸起高度与自由空间余隙之和，即

$$h_{\min} = h'_e + h_0 = 49.27\ (\text{m})$$

这个结果说明，对于 K=4/3 这样典型条件的大气的折射，对于天线的架设是有益的。

8.5.2 对流层其他因素对于电磁波传播的影响

雨雾雪等自然现象都是对流层中特殊的大气环境造成的，并且是随机产生的。加上前面讲过的地面反射对电波传播的影响，就使发端到收端之间的电磁波被散射、折射、吸收，或反射。在同一瞬间，可能只有一种现象发生，或影响较为明显，也可能多种现象同时发生，其发生的频次及影响程度都带有随机性。这些影响就使收信功率随时间而变化，并产生了随机衰落现象。

衰落的种类包括自由空间传播损耗、多径衰落、大气吸收损耗，以及雨雾引起的散射损耗等。其中，自由空间损耗在前面章节已有讲解。

1. 多径衰落

多径衰落是由于直射波与地面反射波、绕射波或折射波到达接收端，因相位不同互相干涉造成的衰落，其相位干涉程度与行程差有关。典型的多径衰落包括前面讲过的地面反射衰落、K 型衰落、波导衰落和闪烁衰落。

（1）地面反射衰落。这种衰落尤其在路径通过水面、湖泊或平滑地面时尤为严重，因气象条件的突然变化，甚至会造成通信的中断。

（2）K 型衰落。在对流层中，由于大气折射造成的折射路径和直射路径行程差与大气折射率相关，也就是与等效地球半径系数 K 有关，故也称为 K 型衰落。

（3）波导衰落。由于各种气象条件的影响，如地面被太阳晒热，夜间地面的冷却，以及海面和高气压地区，都会形成大气层中的不均匀结构。当电磁波通过对流层中这些不均匀层时，将产生超折射（全反射）现象，形成大气波导。只要电磁波射线通过大气波导，而收发两点在波导层下面，则收信点的场强除了直射波和地面反射波之外，还可能收到波导层的反射，形成严重的干涉型衰落，往往造成通信中断。

（4）闪烁衰落。对流层中的无规则的漩涡运动，称为大气湍流。大气湍流形成的一些不均匀小块或层状物使介电系数与周围不同，并能使电磁波向周围辐射，这就是对流层散射。

在收信点，天线可收到多径传来的这种散射波，它们之间具有任意振幅和随机相位，可使收信点场强的振幅发生变化，形成衰落。在视距微波通信中，由对流层散射到收信点的多径场强叠加在一起，使收信场强降低，形成了闪烁衰落。由于这种衰落持续时间短，一般不至于造成通信中断。

2. 大气吸收损耗

任何物质的分子都是由带电粒子组成的，这些粒子都有其固有的电磁谐振频率。当通过这些物质的微波频率接近它们的谐振频率时，这些物质对微波就产生共振吸收。大气中的氧分子具有磁偶极子，水蒸气分子具有电偶极子，它们都能从电磁波中吸收能量，产生吸收损耗，如图 8-13 所示。

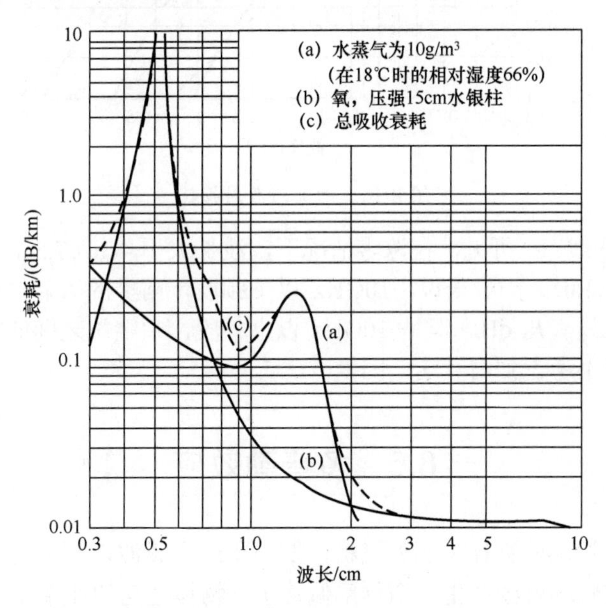

图 8-13　水蒸气分子和氧分子的吸收损耗

水蒸气分子的最大吸收峰在 λ=1.3cm（f=23GHz）处，氧分子的吸收峰在 λ=0.5cm

（f=60GHz）处。从吸收曲线（c）可以查出，当微波 λ=2.5cm（f=12GHz），水蒸气分子和氧分子总的吸收损耗约为 0.015dB/km。若站距为 50km，则一个中继段的损耗约为 0.75dB。而对于卫星通信而言，上行链路和下行链路两次穿越对流层，而对流层厚度约为 20km 左右，这样的吸收损耗也是很小的。因此，微波工作频率小于 12GHz 时，吸收损耗和自由空间损耗相比，可以忽略不计。

> 思考题：从图 8-13 中分析通信窗口的大致位置？

3. 雨雾引起的散射损耗

雨雾中的小水滴能散射电磁波能量而造成散射损耗，称为雨衰，如图 8-14 所示。

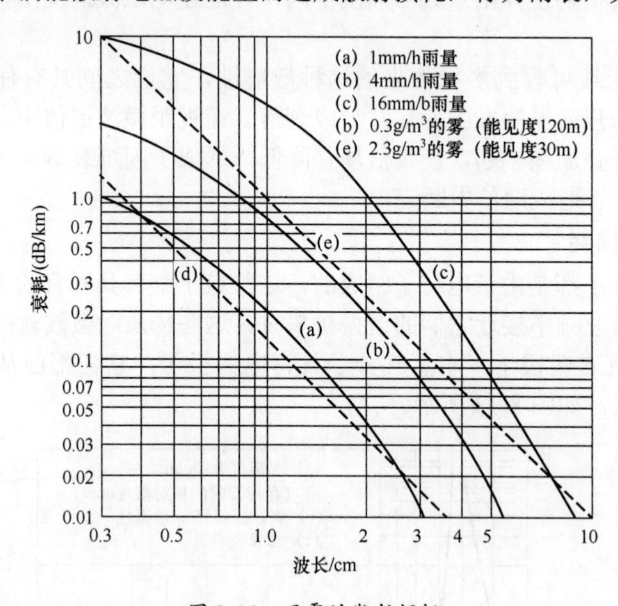

图 8-14　雨雾的散射损耗

从图 8-14 中曲线（e）可见，在浓雾情况下，波长大于 4cm（7.5GHz）、站距为 50km 的散射损耗约为 3.3dB。一般来说，10GHz 以下频段，雨雾的散射损耗不太严重，通常两站之间的损耗也只有几 dB。但是 10GHz 以上频段，中继站之间的距离将受到降雨损耗的限制，而不得不考虑到雨衰这一因素。

8.6　多普勒效应

当以一定速率运动的物体，例如飞机，发出了一个载波，频率为 f_1，地面上的固定接收点收到的载波频率就会产生一个频率偏移 f_d。物体运动的速率 v 不同，产生频率偏移大小的程度也不同，通常把这种现象称为多普勒效应，如图 8-15 所示。

多普勒频移的大小表示为

$$f_{\mathrm{d}}=\frac{v}{\lambda}\cos\theta \tag{8-29}$$

式中：v 为移动物体的运动速度；λ 为接收信号载频的波长；θ 为入射电波与移动站运动方向之间的夹角。

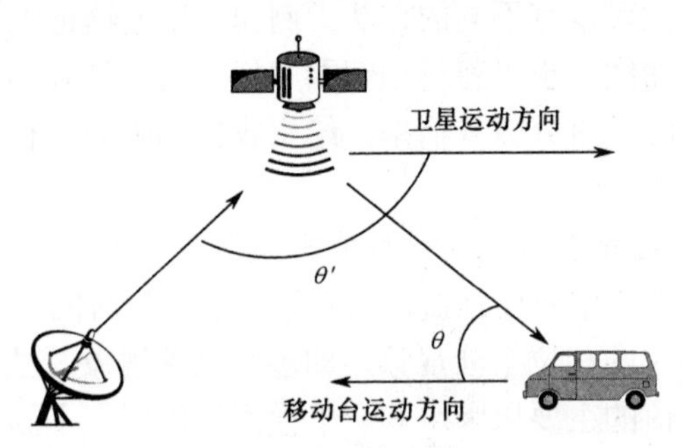

图 8-15　多普勒频移产生示意图

在卫星通信中，移动站和卫星都可能是运动的，如图 8-15 所示。因此，卫星和移动站在接收信号时都会产生多普勒频移。卫星上转发器的发信载波频率 f_1 是已知的，但地球站接收的载波频率因为有多普勒效应的存在，变为 f_1+f_{d}。由于相对运动的径向速度在发生变化，所以 f_{d} 也在变化，那么到达接收机的载波频率也随之变化，因此地球站的接收机必须采用锁相技术才能稳定地接收卫星发来的信息。

【例】低轨卫星的运动速度可达到 3.5km/s，若载波频率为 10GHz，试求该卫星与地面移动体之间通信的多普勒频移可以达到多大？

解：f_1=10GHz，$\lambda=c/f_1$=0.03m。卫星的运动速度很大，移动体运动速度忽略不计，入射角为 0°时，有最大的多普勒频移为

$$f_{\mathrm{d}}=\frac{v}{\lambda}\cos\theta=\frac{3.5\times10^{3}}{0.03}\approx 100\ (\mathrm{kHz})$$

思考题：频率为 f_0 的信号源从 A 经过 B 点向 C 点以速度 v_{s} 匀速运动，试分析接收天线 Obs 收到的频率 F 变化情况？并计算当 f_0=1GHz，v_{s}=300km/h 时的多普勒频移范围。

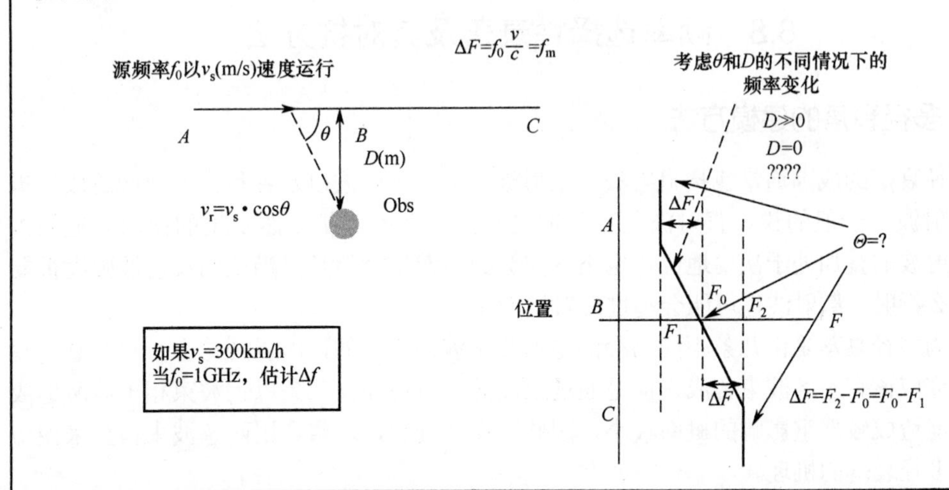

8.7 衰落的统计特性及方法

描述衰落的统计特性可以有不同的方法。例如可用连续记录收信场强（或收信功率）随时间变化的时间分布曲线；也可将场强记录中低于某一场强的时间加起来，再除以总时间得到低于该场强的时间百分数或概率，绘出收信场强的累积分布曲线或累积分布概率密度曲线等。

从微波中继通信的可靠性着眼，必须掌握衰落深度与衰落持续时间的概率分布情况。前者给出了电波传播的中断场强值，后者给出了中断时间。

多径传输效应所引起的相位干涉现象，即多径衰落现象，是视距传输深衰落的主要原因，也是影响卫星通信的主要原因。其衰落模型可以用一个固定的场强矢量与多个相位独立的随机矢量的矢量和来描述。人们采用概率论的方法，认为多径衰落符合瑞利分布（Rayleigh Distribution）。

瑞利分布中的函数关系就是指有衰落时收信功率取某个值的概率有多大。瑞利分布可以描述为：收信场强 E 低于某规定场强 E_e（平均功率为 σ^2）的概率为

$$P(E)=1-\mathrm{e}^{-\frac{E^2}{E_e^2}}=1-\mathrm{e}^{-\frac{E^2}{2\sigma^2}} \tag{8-30}$$

> 思考题：试用概率论的知识得到高斯分布，以及瑞利分布的均值和方差。

8.8 频率选择性衰落及其对抗方法

8.8.1 多径衰落的建模方法

多径衰落的成因通常包括直射波、反射波、大气折射波以及各种大气效应造成的折射、散射波。一般的说，直射波与反射波是总会存在的，是必然发生的；而其他的折射、散射波的叠加处于次要地位，也不一定会必然发生。但是，当地面反射波强度很弱时，那么折射、散射波也可能会超过反射波的场强。

因为多径衰落是由几条不同路径的电波相干涉而产生的，所以理论上，对其衰落模型的研究应该有多条波束合成，但是通过上面的分析可知，三条以上波束相干涉所造成的衰落能造成较严重影响的概率较小，因此，在研究中，通常选用两条波束模型来模仿干涉性多径衰落的机理。

两条波束模仿的多径衰落等效网络如图 8-16 所示。

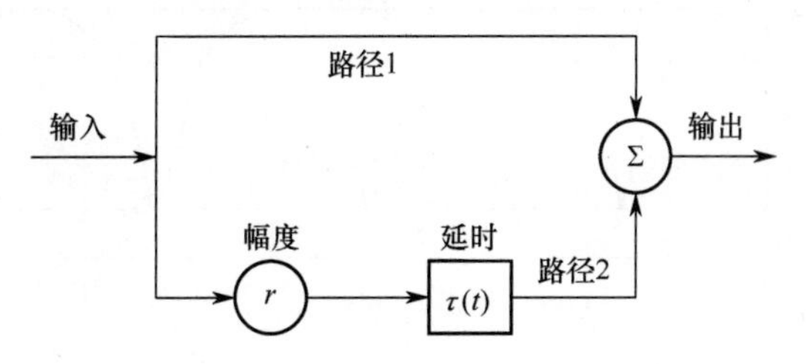

图 8-16　典型的多径衰落等效网络

图 8-16 中，路径 1 表示直射波路径，路径 2 表示干涉波路径。其中，r 为干涉波与直射波的振幅比；$\tau(t)$为干涉波相对于直射波的时延，它还可以写为

$$\tau(t)=\tau_0+\Delta\tau(t) \tag{8-31}$$

式中：τ_0 为 $\tau(t)$的平均值；$\Delta\tau(t)$为 $\tau(t)$除去平均值之外的随时间起伏的变化部分。一般来说 $\Delta\tau(t)$比较细微，但是足以引起干涉波随机相位的变化，且对于固定某一时刻，则该信道的振幅特性 $A(\omega,t)$和群延时特性 $T(\omega,t)$就变成只是频率的函数了，$\tau(t)$可以改写成 τ_0，下面的分析中只用 τ_0 代替 $\tau(t)$。

8.8.2　频率选择性衰落

图 8-16 所示的等效网络路径 2 时域传递函数为 $rh(t-\tau_0)$，因此整个等效网络的频域传输函数可以写为

$$H(\mathrm{j}\omega)=1+r\mathrm{e}^{-\mathrm{j}\omega\tau_0} \tag{8-32}$$

则可得到该信道的振幅特性和相移特性分别为

$$A(\omega,t)=|H(\mathrm{j}\omega,t)|=\sqrt{1+2r\cos(\omega\tau_0)+r^2} \tag{8-33}$$

$$\Phi(\omega,t)=\angle H(\mathrm{j}\omega,t)=\arctan[-\frac{r\sin(\omega\tau_0)}{1+r\cos(\omega\tau_0)}] \tag{8-34}$$

而其群延时特性是指其相移特性的微分，即

$$T(\omega,t)=\frac{\mathrm{d}\Phi(\omega,t)}{\mathrm{d}\omega}=-r\tau_0\frac{r+\cos(\omega\tau_0)}{1+2r\cos(\omega\tau_0)+r^2} \tag{8-35}$$

相应的幅频特性 $A(f)$曲线和群延时特性 $T(f)$曲线如图 8-17 所示。

从式（8-35）中可以得到，当 $\omega\tau_0=(2n+1)\pi$ 时，出现幅频特性和群延时特性的谷值，即

$$A_{\min}=1-r \tag{8-36}$$

$$T_{\min}=-\frac{r\tau_0}{1-r} \tag{8-37}$$

当 $\omega\tau_0=2n\pi$ 时，出现幅频特性和群延时特性的峰值，即

$$A_{\max}=1+r \tag{8-38}$$

$$T_{\max}=\frac{r\tau_0}{1+r} \tag{8-39}$$

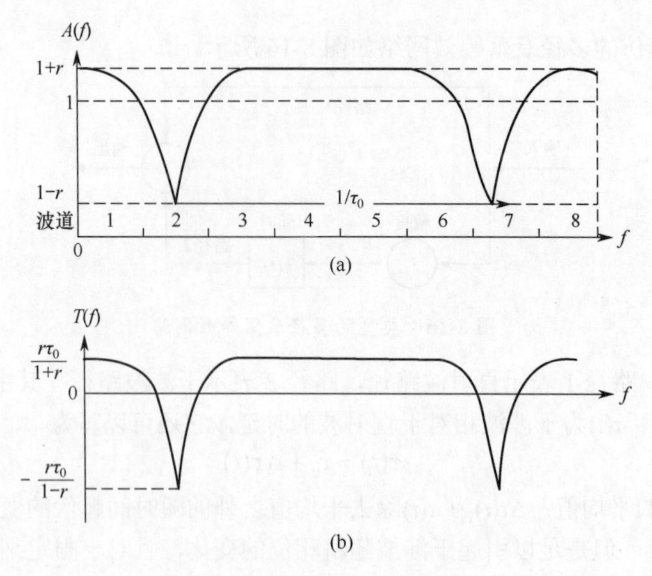

图 8-17　多径衰落信道的传输特性

（a）幅频特性；（b）群延时特性。

实际上合成波的振幅特性和群延时特性是随时间变化的，对于不同的瞬时，峰值和谷值在频率轴上的位置也就不同。时间不断变化，峰谷值就将在频率轴上不断移动，微波信号的衰落深度也就随频率而变化。因此，这种因多径衰落造成的衰落称为频率选择性衰落。在图 8-17（a）中，横坐标表示信号频率，纵坐标表示振幅大小。可见位于 4、5 频率范围的没有频率选择性衰落，幅频特性平坦；而 2、7 频率范围内却有很深的频率选择性衰落，通带内幅频特性偏差较大，呈现一个很深的凹陷；1、3、6 和 8 频率范围有较明显的幅频特性倾斜，谷间的距离为 $1/\tau_0$。

8.8.3　频率选择性衰落对系统传输质量的影响

1. 带内失真

通过上面的分析，可以发现，决定频率选择性衰落程度的基本参数是两条路径的振幅比 r 和路径平均时延 τ_0。当平均时延 τ_0 一定时，r 越接近 1，则衰落越严重；而当 r 一定时，τ_0 越大，信号的色散越严重。

τ_0 一般是通过传播测试得到的，该值主要和传播距离有关。如一个 50km 长的中继线路，因多径传播造成的 τ_0 估算值为 10ns 左右，即 $1/\tau_0$=100MHz。因此，当传输带宽远小于 100MHz 时，可以视其为窄带信号，可以忽略频率选择性衰落，只考虑平坦衰落。而最差的情况时传输带宽恰好和 $1/\tau_0$ 接近，此时的频率选择性衰落极其严重。

2. 交叉极化干扰

一种极化下的微波信号，经过信道传输，可能会受到大气层对电波传播的影响，使极化状态受到损害，并使一部分能量转换成为与之正交的极化状态（如水平极化转换为垂直极化）。这样，当微波通信采用极化分集方案时，就将引起频率相同、极化正交的两个信道之间的干扰，称为交叉极化干扰。在 10GHz 以下频段，一般认为交叉极化干扰主要由多径衰落引起。交叉极化干扰的大小通常用交叉极化鉴别度来表示，记作

XPD，即

$$\text{XPD} = 10\lg\frac{P}{P_x} \tag{8-40}$$

式中：P 为收端某频段接收的与发端相同极化的信号功率；P_x 为该频段收到的交叉极化干扰信号的功率。XPD 值越大，表示交叉极化干扰越小。对 4GHz 左右频段，要求天线馈线系统的交叉极化鉴别度大于 40dB，但多径传播将使 XPD 显著变小。

8.9　常用的抗衰落技术

对于数字微波通信系统，各种衰落往往造成收信端的接收功率小于设计功率，而使接收系统无法工作，比较简单的解决方法是提高发送端的信号功率、天线增益，或提高接收端的天线增益，但有时这种简单的方法不能改善系统的性能。解决的办法就是采用先进的抗衰落技术，如分集技术和自适应均衡技术等。此外，如果针对尚未建设的微波系统来说，在准备建设阶段就尽可能的考虑到衰落因素并予以避免，是非常关键的。

8.9.1　准备建设系统的抗衰落技术

对于准备建设的系统，要考虑到如下因素：

（1）为了防止地面等反射造成的干涉型衰落，应避免线路穿过水面、湖面、海面以及平坦地面等强反射区域；

（2）若出于某方面的特殊需要，线路不得不通过上述区域时，可根据当地的地理条件，尽可能利用某些地形、地物阻挡反射波；

（3）增大收发天线高度，增加天线余隙，使余隙超过自由空间余隙，并迫使反射点落在奇数菲涅尔区；

（4）采用分集技术或抗衰落天线，或运用自适应均衡技术。

8.9.2　分集技术

目前在微波通信和卫星通信中，抗衰落的主要手段是采用分集技术。分集就是指通过两条或两条以上路径传输同一信息，以减轻衰落影响的一种技术措施。

分集技术包括分集发送和分集接收技术。从分集的类型看，使用较多的是空间分集和频率分集。空间分集，就是发站利用两个天线发送同一信号，或收站利用垂直分隔的两个天线来接收相同的信号，再进行合成或选择，如图 8-18 所示。若 $T \to P_1 \to R_1$ 路径上，P_1 恰好为平静水面，或反射点落在偶数菲涅尔区上，那么 $T \to P_2 \to R_2$ 的路径就可能优于 $T \to P_1 \to R_1$ 路径。

（1）频率分集。利用同一天线发送不同频率的信号，两个信号携带同一信息，收站接收后进行合成或选择。此外，还有很多的分集技术，如将空间分集和频率分集组合起来，即发站用两个频率发送同一信息，收站用垂直分隔的两个天线各自接收不同频率的信号，再进行合成或选择，这称为混合分集。

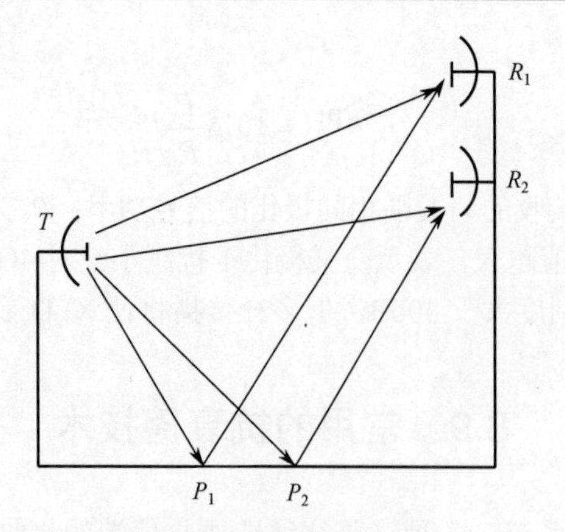

图 8-18　空间分集接收示意图

（2）时间分集，即不同的时间传输同一信息。

（3）站址分集。例如卫星通信为了克服降雨损耗的影响，采用相隔几公里的两个地球站接收同一信息，然后进行选择。

（4）角度分集。利用天线的不同角度来接收同一信息。

（5）极化分集。利用电磁波的极化方式不同来接收同一信息的方式等。

无论何种分集方式，都是利用在不同的传播条件下，几个微波信号同时发生深衰落的概率小于单一微波信号的概率来取得分集改善效果的。

8.9.3　自适应均衡技术

虽然分集技术在不同程度上可以得到抗频率选择性衰落的效果，尽管有的分集技术接收方式对改善带内失真的效果也不错，但是实践证明，要想完善抗衰落技术，一个高性能的数字微波系统往往是把分集技术和自适应均衡技术配合使用，以便最大地降低通信中断时间。

在数字微波通信系统中，传输带宽较宽，当发生多径衰落时，其通带内的振幅特性是随时间变化的，这就必须使用能适应时间变化的自适应均衡器。这里介绍的工作在中频的频域自适应均衡器，图 8-19 是其原理示意图。

这种均衡器是一个谐振频率 f_r 和回路电路斜率 Q 值可变的中频谐振电路，用该中频谐振电路产生的与多径衰落造成的幅频特性相反的特性，去抵消带内振幅偏差。

图 8-19（a）左边部分表示因多径传播造成的频率选择性衰落时凹陷点的频率及其斜率，该特性随时间变化。图 8-19（a）右侧为均衡器的幅频特性。

图 8-19（b）所示的是这种频域均衡器的原理电路。均衡器电路用分布参数和变容二极管构成并联谐振电路，当改变变容二极管的电容时，可改变电路的中心谐振频率。

为了改变凹陷点附近的斜率，用二极管与谐振电路串联，当改变二极管电阻值时，谐振电路的斜率发生变化。

由于幅频特性时变，就需要随时获得多径衰落的幅频特性。扫描信号对均衡前的频谱在带内进行扫描，由 $f_{凹}$ 检出器将幅频特性凹陷点的频率检出，并送到控制电路，再由均衡后的中频信号中将带内的三个频率点（f_-，f_0 和 f_+）信号由振幅偏差检出器检出，也送到控制电路。

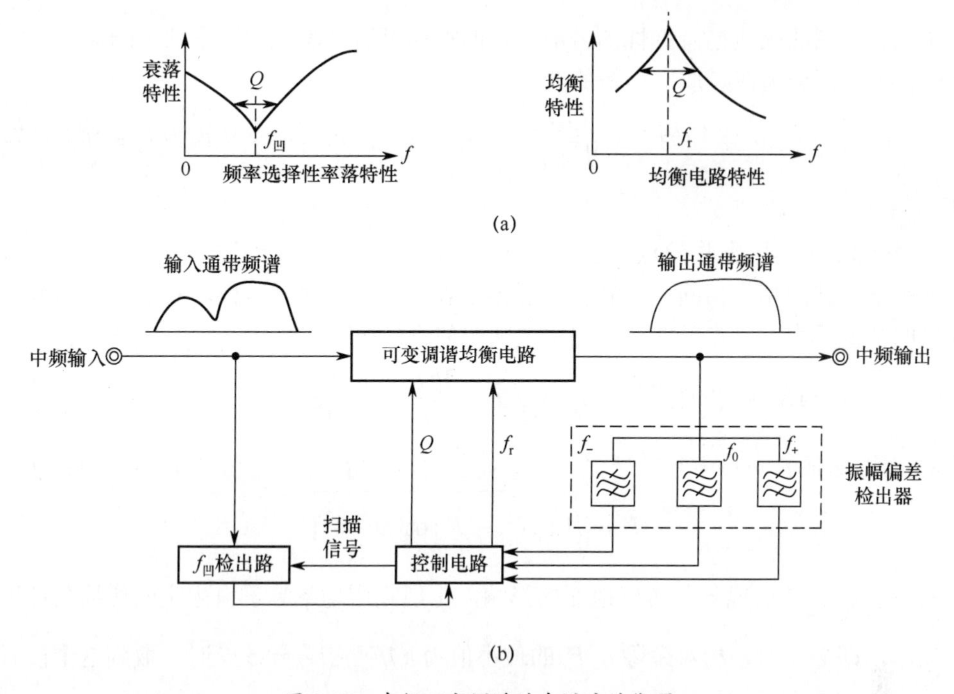

图 8-19　中频可变调谐的自适应均衡器

（a）衰落特性与均衡特性；（b）均衡器原理方框图。

控制电路根据三个频率点检出电压的振幅同$f_凹$检出结果比较，可判断出带内幅频特性是正向倾斜还是负向倾斜，根据这一判决结果去控制均衡电路的谐振频率 f_r 和回路斜率。通过自反馈电路，可把带内失真减至最小。

本章要点

1．影响电磁波传播的主要因素包括：

（1）由于传播扩散造成的信号衰减，即自由空间损耗；

（2）由于大气折射造成的大气层多径现象；

（3）由于降雨或冰晶造成的信号去极化现象；

（4）由于地面物体造成的反射多径或阻挡；

（5）由于对流层和电离层的折射率起伏造成的信号闪烁。

2．定义自由空间损耗为

$$L_s = \frac{P_t}{P_r} = (\frac{4\pi d}{\lambda})^2 = (\frac{4\pi df}{c})^2$$

当距离 d 以 km 为单位，频率 f 以 GHz 为单位时，将常数进行折算，上式可写为

$$[L_s] = 92.4 + 20\lg d + 20\lg f \ \ (\text{dB})$$

当频率以 MHz 为单位时，还可写为

$$[L_s] = 32.4 + 20\lg d + 20\lg f \ \ (\text{dB})$$

3．惠更斯原理关于光波或电磁波波动学说的基本思想是：光和电磁波都是一种振

动，振动源周围的媒质是有弹性的，故一点的振动可通过媒质传递给邻近的质点，并依次向外扩展，而成为在媒质中传播的波。

4．第一菲涅尔区半径为 $F_1=\sqrt{\dfrac{\lambda d_1 d_2}{d}}$ (m)；第 n 菲涅尔区半径为 $F_n=\sqrt{\dfrac{n\lambda d_1 d_2}{d}}=\sqrt{n}F_1$。

5．相邻菲涅尔区在收信点产生场强反向（相位相差π）。经过第一菲涅尔区反射的电磁波和直射波的相位相同，二者合成后会使收信场强增强。这样，对于奇数菲涅尔区有同样的情况发生，而对于偶数菲涅尔区则会使收信场强减弱。

6．直射波与反射波的行程差 $\Delta r=r_2-r_1\approx\dfrac{2h_t h_r}{d}=\dfrac{\lambda}{2}\dfrac{h_c^2}{F_1^2}$。

7．合成场强 E 与自由空间场强的有效值之比，称为考虑地面影响时的衰落因子，即

$$V=\sqrt{1+\Gamma^2-2\Gamma\cos[\pi(\frac{h_c}{F_1})^2]}$$

8．在 Γ=1 的情况下，考虑地面的影响，出现收信功率等于自由空间传播条件下的接收功率，即 V=1 时，相对余隙 h_c/F_1 的最小值为 $h_c/F_1=\sqrt{\dfrac{1}{3}}$=0.577 时，取到这个值时的余隙值称为自由空间余隙，并用 h_0 来表示，记为 $h_0=\dfrac{F_1}{\sqrt{3}}$。

9．在传播路径上有刃形障碍物阻挡时，如果障碍物的尖峰恰好落在收发两端天线 TR 的连线上时（h_c=0），查图可知附加损耗为 6dB；当障碍物峰顶超出 TR 连线时（h_c<0），附加损耗快速增加；当障碍物峰顶在 TR 连线以下，且余隙超过自由空间余隙（$h_c>h_0$，$h_c/F_1>\sqrt{1/3}$）时，则附加损耗将在 0dB 上下少量变动，这时实际路径的传播损耗将与自由空间损耗的数值接近。

10．对流层对微波传播的影响，主要表现在：

（1）由于对流层的大气密度不均匀，导致电磁波传播方向的改变，产生大气折射现象；

（2）由于气体分子谐振引起对电磁波能量的吸收，这种吸收对波长 2cm 以下的微波比较显著；

（3）由于雨、雾、雪引起对电磁波能量的吸收，这种吸收对波长 5cm 以下的微波比较显著。

11．等效地球半径系数 $K=\dfrac{a_e}{a}$；K 与折射率的关系为 $K=\dfrac{1}{1+a\dfrac{dn}{dh}}$。等效后地球的凸起高度为 $h_e=\dfrac{d_1 d_2}{2a_e}=\dfrac{d_1 d_2}{2Ka}$。

（1）若 K>1 时，等效地球的凸起高度变小，说明电磁波传播余隙增大，有利于电磁波的传播；

（2）若 K<1 时，等效地球的凸起高度变大，说明电磁波传播余隙减小。

12．多径衰落是由于直射波与地面反射波、绕射波或折射波到达接收端因相位不

同，互相干涉造成的衰落，其相位干涉程度与行程差有关。典型的多径衰落包括地面反射衰落、K 型衰落、波导衰落和闪烁衰落。

13．当以一定速率运动的物体，例如飞机，发出了一个载波频率为 f_1，地面上的固定接收点收到的载波频率就会产生一个频率偏移 f_d。物体运动的速率 v 不同，产生频率偏移大小的程度也不同，通常把这种现象称为多普勒效应。多普勒频移的大小表示为 $f_d = \dfrac{v}{\lambda}\cos\theta$。

14．频率选择性衰落对系统传输质量的影响包括：

（1）引起带内失真；

（2）造成交叉极化干扰。

15．分集技术包括分集发送和分集接收技术。从分集的类型看，使用较多的是空间分集和频率分集。

习 题

1．解释自由空间损耗的概念，并进行公式推导。

2．惠更斯—菲涅尔原理的基本思想是什么？解释菲涅尔区和菲涅尔半径的概念。

3．大气和地面造成了几种衰落方式？

4．频率选择性衰落是怎样造成的？将产生什么影响？

5．微波和卫星通信中将采用哪些抗衰落技术？

6．什么是多普勒效应？

7．已知发信功率 P_t=1W，工作频率 f=3800MHz，两站相距 45km，G_t=G_r=39dB，L_{ft}=L_{fr}=2dB，L_{bt}=L_{br}=1dB。求在自由空间传播条件下接收机的输入功率。

8．已知两站相距 50km，反射点距发射天线水平距离为 10km，信号频率为 4GHz，利用图解法求出反射点的第一菲涅尔区半径。

9．已知条件同第 7 题，且传播路径上有刃形障碍物，若余隙 h_c=0，求收信功率变为多少？

10．已知两微波站相距 46km，反射点离发端 18km，通信频率为 6GHz，地面反射因子 Γ=0.7。求：开路线路、半开路线路的余隙范围。

第 9 章

卫星通信链路参数计算及设计

本章核心内容

- 卫星通信链路的基本参数
- 卫星通信链路的计算

与其他通信系统一样，卫星通信系统的首要目标是为地球站之间传输高质量的信号。卫星通道一般是带通信道，必须采用调制的方式来传输基带信息，解调器输出的信号信噪比 SNR 是衡量信号传输质量的基本性能指标，它是卫星线路载噪比的函数。

在数字卫星系统中，地球站接收到的卫星信号的性能，是用平均误比特率来衡量的。它是线路信噪比、信息比特速率和卫星通道带宽噪声的函数，是平均比特功率和噪声功率谱密度 E_b/N_0 的函数。就一定的信息比特速率而言，欲达到要求的信号传输质量，需要在信号调制类型和卫星线路的载噪比之间加以选择折中。

卫星链路由上行链路和下行链路组成。上行链路的信号质量取决于地球站发出的信号功率大小和卫星收到的信号大小。下行链路的信号质量取决于卫星转发信号功率的大小和地球站接收到的信号功率的大小。为了计算卫星链路的误比特率，就必须先对卫星链路的载噪比（CNR）或 E_b/N_0 进行计算，并根据计算结果设计或调整系统参数。

9.1 卫星通信链路基本参数

卫星链路预算主要是根据链路环境、收/发端系统参数等，计算链路信号的载波噪声功率比。发端的主要参数为有效全向辐射功率，即 EIRP 值，收端则常用天线口处的系统品质因数 G/T 值描述其性能。信号从发端到收端还要经历各种损耗、衰减和噪声。

9.1.1 系统噪声

数字微波的信道噪声可以分为四类，分别为热噪声（包括本振噪声）、各种干扰噪声、波形失真噪声和其他噪声，这里着重介绍前两种噪声。

1．收信机固有热噪声

通信系统中有关噪声的论述是基于白噪声的形式，它的功率谱密度为 $N_0/2$，如

图 9-1 所示，在很大频率范围内是平滑的。白噪声用一个均值为零的高斯随机过程表征，它包括导电介质中电子随机运动产生的热噪声、太阳噪声和宇宙噪声。在通信系统中，附加的白噪声使接收到的信号恶化，通常称为加性高斯白噪声（AWGN）。

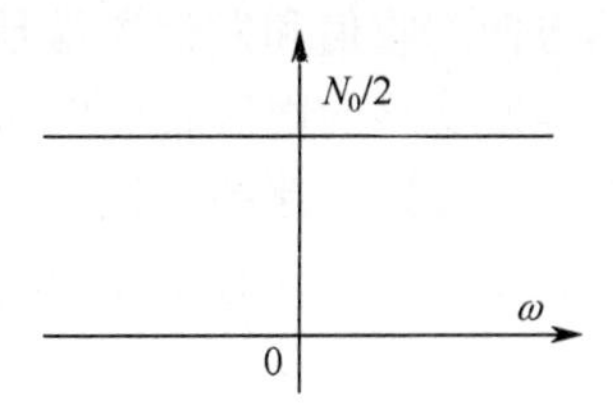

图 9-1　白噪声功率谱密度

在通信系统中，噪声源在匹配负载上产生的白噪声功率谱密度通常用 W/Hz 表示，即

$$\frac{N_0}{2}=\frac{kT_s}{2} \tag{9-1}$$

式中：k 为玻耳兹曼常数（$k=1.38\times10^{-23}\ \mathrm{J/K}$），且[$k$]=−228.6 dBJ/K；$T_s$ 为噪声源的噪声温度（K）。这意味着，如将此噪声源连接到一个带宽为 B（Hz）的理想滤波器输入端，它的输入电阻与噪声源电阻匹配，则输出噪声功率为

$$N=N_0B=kT_sB(\mathrm{W}) \tag{9-2}$$

若接入端收信机前端加入天线，天线对信号还有放大作用，则天线馈线系统送给收信输入端的固有热噪声功率 $N_{固}$为

$$N_{固}=N_F\cdot kT_0B\ \ (\mathrm{W}) \tag{9-3}$$

$$N_F=\frac{P_{si}/P_{ni}}{P_{so}/P_{no}} \tag{9-4}$$

式中：T_0为收信机的环境温度；N_F为该天线的噪声系数；P_{si}/P_{ni} 为天线输入端载噪比；P_{so}/P_{no} 为天线输出端载噪比。

2. 各种干扰噪声

从干扰噪声的性质来看，基本上可分为两大类。一类是设备及馈线系统造成的，例如回波干扰、交叉极化干扰等就属于这一类；另一类属于其他干扰，可认为是外来干扰。下面就简述几种常见的干扰噪声。

（1）回波干扰。

在馈线及分路系统中，有很多导波元件，当导波元件之间连接处的连接不理想时，会形成对电波的反射。其结果是在馈线及分路系统中，除主波信号之外，还存在反射所造成的回波。因回波与主波信号的振幅以及时延都不相同，并且回波是叠加在主波信号之上的，因而回波成为主波信号的干扰信号，故称为回波干扰。

在中频系统中，当中频电缆插头连接处不匹配时也会产生回波干扰。

（2）交叉极化干扰。

为了提高高频信道的频谱利用率，在数字微波通信中用同一个射频的两种正交极化波（利用水平极化波和垂直极化波的相互正交性）来携带不同的信息，这就是同频复用方案。尽管采用该方案可以提高系统的通信容量，但也给系统引进了新的问题，这就是交叉极化干扰，即同频的两个交叉极化波的相互耦合所形成的干扰。这通常是由于天线馈线系统本身性能不完善及电波的多径传播等因素造成的。

（3）收发干扰。

在同一微波站中，某个通信方向的收信和发信通常是共用一副天线，通过双工器的分配调整收信和发信的功能。这样发支路的电波就可以通过馈线系统的收发共用器件或天线端的反射进入收信机，从而形成收发支路的干扰。这种干扰与微波射频频率的配置方案有关，与收发射频的频率间隔及收信系统的滤波特性关系较大。

（4）邻近波道干扰。

当多波道工作时，发端或收端各波道的频率之间应有一定的间隔，否则就会造成对邻近波道的干扰。例如射频频率 2GHz、单波道基带信号速率为 34Mbit/s，波道间隔为 29MHz，几乎同单波道信号速率相差无几；射频频率 6GHz、单波道基带信号速率为 140Mbit/s，波道间隔为 40MHz。这样使得相邻波道间的频率相关性较小，当出现频率选择性衰落时，本波道中的主波信号出现深衰落时，邻近波道没有出现衰落，此时本波道的收发信机中的滤波器需要具有足够抑制邻近波道干扰的能力，对收发信微波滤波器、分路系统滤波器和收发信机中的中频滤波器的要求较高。

（5）天线系统的同频干扰。

天线间的耦合会使多频制系统通过多种途径产生同频干扰，如图 9-2 所示。

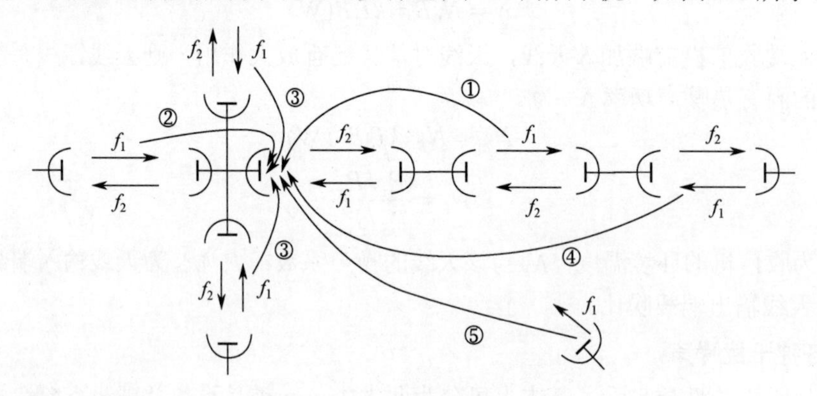

图 9-2　天线系统的同频干扰

①同一传播路径的前—背干扰；②不同传播路径的前—背干扰；③分支线路的前—背干扰；④越站干扰；⑤其他方式干扰。

前—背干扰是指往前方传输电波的一部分绕过本发信天线而进入后方微波站的天线，而形成的干扰。根据干扰的路径不同，前—背干扰又可分为同路径同频干扰（图中路径①）、不同路径同频干扰（图中路径②）以及分支电路造成的同频干扰（图中路径③）。越站干扰是指越过两个中继站形成的干扰（图中路径④）。

9.1.2　有效全向辐射功率

链路预算中的关键参数是有效全向辐射功率，习惯上用有效全向辐射功率（EIRP）表示为

$$\text{EIRP} = P_s G_s \tag{9-5}$$

式中：P_s 为天线馈源处的载波功率；G_s 为发送天线的增益。链路预算过程中，通常采用

分贝（dB）来表示。本书中用方括号表示使用基本功率定义的分贝值，EIRP 常常以相对 1W 的分贝值来表示，缩写为 dBW。令 P_s 的单位为 W，则有

$$[\text{EIRP}]=[P_s]+[G_s]\ (\text{dBW}) \tag{9-6}$$

式中：$[P_s]$以 dBW 为单位；$[G_s]$以 dB 为单位。

9.1.3 接收机输入端的信号功率

如果某系统中的发射天线和接收天线之间的距离为 d，接收天线的天线效率为 η_R，A_R 为接收天线的开口面积，则有

$$\frac{A_e}{G}=\frac{\lambda^2}{4\pi}$$

由此可知，接收天线的增益为

$$G_R=\frac{A_R\eta_R}{\dfrac{\lambda^2}{4\pi}} \tag{9-7}$$

当发信机以 P_T 功率发射时，发信天线的功率增益为 G_T 时，那么接收天线所接收的信号功率 C，相当于以发射天线为球心的球面上的一点所接收到的功率，即

$$C=\frac{P_T G_T}{4\pi d^2} \tag{9-8}$$

而接收机所接收到的信号功率 P_R，相当于以接收天线有效面积 A_e 大小区域所接收到的功率，即

$$P_R=C\cdot A_e=\frac{P_T G_T}{4\pi d^2}A_R\eta_R \tag{9-9}$$

将式（9-7）中 G_R 值代入式（9-9），则有

$$P_R=P_T G_T G_R(\frac{\lambda^2}{4\pi d^2}) \tag{9-10}$$

由于 $\dfrac{\lambda^2}{4\pi d^2}=\dfrac{1}{L_s}$，恰好为自由空间损耗 L_s 的倒数，则式（9-10）可以改写为

$$[P_R]=[P_T]+[G_T]+[G_R]-[L_s]\ (\text{dBW}) \tag{9-11}$$

更一般地说，接收信号的功率为发信机信号功率与发射天线增益、接收天线增益的叠加，再去掉所有的其他损耗以及干扰噪声 Loss，即

$$[P_R]=[P_T]+[G_T]+[G_R]-[\text{Loss}]\ (\text{dBW}) \tag{9-12}$$

结合式（9-2），则接收机前端的载噪比 $\dfrac{P_R}{P_N}$ 可以表示为

$$\begin{aligned}[\frac{P_R}{P_N}]&=[P_R]-[P_N]\\&=[P_T]+[G_T]+[G_R]-[\text{Loss}]-[P_N]\\&=[\text{EIRP}]+[G_R]-[\text{Loss}]-[k]-[T]-[B]\end{aligned} \tag{9-13}$$

9.1.4 品质因数

将式（9-13）改写为

$$[\frac{P_{\mathrm{R}}}{P_{\mathrm{N}}}]=[\mathrm{EIRP}]+[\frac{G_{\mathrm{R}}}{T}]-[\mathrm{Loss}]-[k]-[B] \tag{9-14}$$

可以看出，当一个卫星转发器设计好之后，那么卫星转发器的 EIRP 值就是确定的。如果地球站的工作频率及接收系统带宽 B 一定的话，那么 Loss 一般来说也是确定的。由此可见，此时接收机的输入端载噪比将由 G_{R}/T 所决定，因此，这个值通常称为品质因数，简写为 G/T，这个值对于地球站尤其重要。显而易见，品质因数越大，则载噪比越高，表明系统的接收性能越好。为此，国际卫星通信组织以标准 A 站在 4GHz、仰角为 5° 时的 G/T 为参考给出对地球站工作在其他频率下的品质因数做出了规定，即

$$\frac{G}{T}=40.7+20\lg\frac{f}{4}\ \ (\mathrm{K}^{-1}) \tag{9-15}$$

9.1.5 饱和通量密度

卫星转发器的放大器存在输出功率饱和现象，使星上转发器达到饱和的接收天线端口的功率通量密度称为饱和功率通量密度。距离为 d 的球面上任一点的功率通量密度 ψ_{M} 和发射天线的 EIRP 关系为

$$\psi_{\mathrm{M}}=\frac{\mathrm{EIRP}}{4\pi d^2}\ \ (\mathrm{W/m^2}) \tag{9-16}$$

用 dB 表示为

$$[\psi_{\mathrm{M}}]=[\mathrm{EIRP}]+10\log\frac{1}{4\pi d^2}\ \ (\mathrm{dBW/m^2}) \tag{9-17}$$

自由空间损耗可以表示为

$$-[L_{\mathrm{s}}]=10\log\frac{\lambda^2}{4\pi}+10\log\frac{1}{4\pi d^2} \tag{9-18}$$

因此有

$$[\psi_{\mathrm{M}}]=[\mathrm{EIRP}]-[L_{\mathrm{s}}]-10\log\frac{\lambda^2}{4\pi} \tag{9-19}$$

$\lambda^2/4\pi$ 实际上是各向同性天线的有效面积，记为 A_0，则有

$$[A_0]=10\log\frac{\lambda^2}{4\pi}\ \ (\mathrm{dBm^2}) \tag{9-20}$$

因为通常情况下知道的是频率而不是波长，式（9-20）可以经过计算改写为

$$[A_0]=-21.45-20\lg f \tag{9-21}$$

式（9-19）可以改写为

$$[\mathrm{EIRP}]=[\psi_{\mathrm{M}}]+[A_0]+[L_{\mathrm{s}}] \tag{9-22}$$

9.1.6 各种传输损耗

设 G_{r} 为接收天线的天线增益，则接收端收到的信号功率 C_{r} 为

$$C_{\mathrm{r}}=\frac{\mathrm{EIRP}\cdot G_{\mathrm{r}}}{\mathrm{Loss}}$$

即

$$[C_{\rm r}]=[{\rm EIRP}]+[G_{\rm r}]-[{\rm Loss}]$$

式中：Loss 为传输过程中的各种损耗。其中有些损耗是常数，有些损耗可以根据统计数据进行估计，还有一些依赖于天气条件，特别是降雨。计算时，先确定晴朗天气时的损耗。这些计算考虑了各种损耗，包括根据统计特征来计算的部分，它们都基本上不随时间变化。与气候有关的损耗以及随时间波动的其他损耗，则以适当的衰落余量计入方程中。

1. 自由空间传输损耗

作为计算损耗的第一步，必须考虑信号在空间传输所引起的功率损失。前面讲过，自由空间的传输损耗为

$$L_{\rm s}=\left(\frac{4\pi d}{\lambda}\right)^2=\left(\frac{4\pi fd}{c}\right)^2 \tag{9-23}$$

式中：d 为传输距离（m）；λ 为载波波长（m）；f 为载波频率（Hz）；c 为光速（m/s）。通常，已知的是频率，并采用式（9-24）计算自由空间传输损耗，其中传输距离 d 的单位为 km，载波频率 f 的单位为 MHz。

$$[L_{\rm s}]=32.4+20\log d+20\log f \tag{9-24}$$

2. 馈线损耗

接收天线和接收机之间的连接部分存在着一定的损耗。这类损耗是由连接波导、电缆、滤波器以及耦合器产生的。类似的馈线损耗也存在于连接发射机高功放输出端和发射天线的滤波器、耦合器、波导及电缆中。但是由于链路计算采用 EIRP 值，所以不涉及发射机的馈线损耗。

3. 天线指向误差损耗

建立了卫星通信链路以后，理想情况是地球站天线和卫星天线都指向对方的最大增益方向，如图 9-3（a）所示。但实际上可能存在两种天线波瓣离轴损耗的情况，一种在卫星端，另一种在地球站端，如图 9-3（b）所示。卫星端的离轴损耗是通过对工作在实

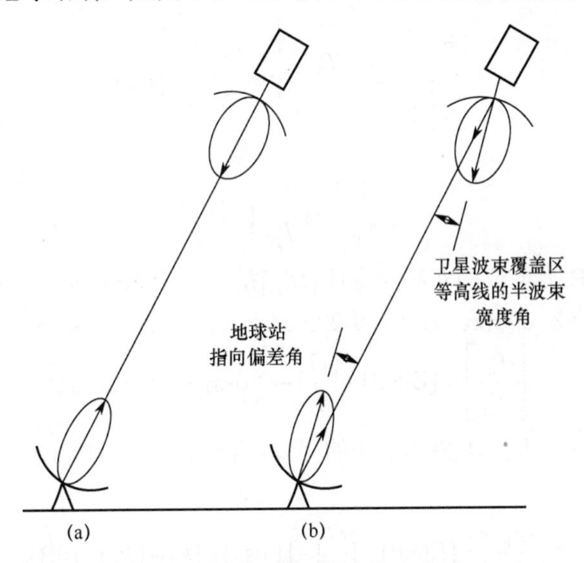

图 9-3　天线指向误差损耗示意图

（a）指向对端中最大增益方向的卫星和地球站天线；（b）位于卫星“波束覆盖区”内的地球站及其天线的指向偏差。

际卫星天线波瓣上的指向来计算的。地球站端的天线离轴损耗也称天线指向损耗，天线指向损耗通常只有零点几分贝。

除天线指向损耗外，天线极化方向的指向误差也会产生损耗。极化误差损耗通常很小，通常和天线指向损耗统称为天线指向偏差损耗。需要指出的是，天线指向偏差损耗必须要根据统计数据来估计，这些数据是基于对大量地球站进行实际观察后得到的。天线的指向偏差损耗应该对上行链路和下行链路分别考虑。

4. 固定的大气层和电离层损耗

大气层的气体通过吸收电波产生的损耗，这种损耗的总和通常小于 1dB。

9.2 卫星通信链路的计算

卫星链路的性能用接收机输入端的载波功率与噪声功率的比值（简称载噪比）来衡量，卫星链路的预算也常常取决于该比值。习惯上，该比值记为 C/N（或 CNR），或 P_R/P_N。P_R 为载波功率，P_N 为噪声功率，用 dB 值表示就是

$$\left[\frac{C}{N}\right]=[P_R]-[P_N] \tag{9-25}$$

计算载波和噪声的功率，代入式（9-25），可得

$$\left[\frac{P_R}{P_N}\right]=[\text{EIRP}]+[G_r]-[\text{Loss}]-[k]-[T_s]-[B_N] \tag{9-26}$$

将品质因数$[G/T]$代入式（9-26），可得

$$\left[\frac{P_R}{P_N}\right]=[\text{EIRP}]+[\frac{G}{T}]-[\text{Loss}]-[k]-[B_N] \tag{9-27}$$

实际使用中，常常需要载波功率与噪声功率密度的比值 C/N_o 这个量，由于 $P_N=N_0B_N$，则有

$$\left[\frac{P_R}{P_N}\right]=\left[\frac{P_R}{N_0B_N}\right]=\left[\frac{P_R}{N_0}\right]-[B_N] \tag{9-28}$$

所以有

$$\left[\frac{P_R}{N_0}\right]=\left[\frac{P_R}{P_N}\right]+[B_N] \tag{9-29}$$

式中：$[P_R/P_N]$是以 dB 为单位的实际功率比；$[B_N]$是相对于 1Hz 的分贝值，或表示为 dBHz。因此，$[P_R/N_o]$的单位是 dBHz。将式（9-27）代入式（9-29），可得

$$\left[\frac{P_R}{N_0}\right]=[\text{EIRP}]+[\frac{G}{T}]-[\text{Loss}]-[k]\quad(\text{dBHz}) \tag{9-30}$$

而对于数字通信系统来说，还关心系统的平均比特功率同噪声功率密度比值$[E_b/N_0]$。由于 $E_b=P_R/R_b$，则有

$$\left[\frac{E_b}{N_0}\right]=[\text{EIRP}]+[\frac{G}{T}]-[\text{Loss}]-[k]-[R_b]\quad(\text{dB}) \tag{9-31}$$

饱和通量密度可表示为

$$[\mathrm{EIRP}]=[\psi_{\mathrm{M}}]+[A_0]+[L_{\mathrm{s}}]$$

代入式（9-31），则有

$$\left[\frac{P_{\mathrm{R}}}{N_0}\right]=[\psi_{\mathrm{M}}]+[A_0]+[\frac{G}{T}]-[L_{\mathrm{o}}]-[k] \quad (\mathrm{dBHz}) \tag{9-32}$$

式中：L_0 为除去自由空间损耗 L_s 外的其余损耗。

【例 9-1】工作于 14GHz 的上行链路，要求饱和通量密度为−91.4 dBW/m^2，接收天线的品质因数为−6.7dB/K，接收机馈线损耗约为 0.6dB，计算接收机前端的载波与噪声密度之比$[P_{\mathrm{R}}/N_{\mathrm{o}}]$。

解：对题中各参数的计算如下表所列：

参　数	值	单　位
$[\psi_{\mathrm{M}}]$	−91.4	dBW/m^2
14GHz 的 $[A_0]$	−44.4	dB m^2
$[G/T]$	−6.7	dB/K
$[k]$	−228.60	dBJ/K [dBW/(K·Hz)]
$[L_0]$	0.6	dB
$[P_{\mathrm{R}}/N_{\mathrm{o}}]$	85.5	dBHz

9.2.1　上行链路

一条卫星上行链路是由地球站向卫星传输信号的链路，即地球站发送信号，卫星接收信号。式（9-30）可以用于上行链路的计算，通常用下标 U 表示上行链路，这样式（9-30）就变为

$$\left[\frac{C}{N_0}\right]_{\mathrm{U}}=[\mathrm{EIRP}]_{\mathrm{U}}+[\frac{G}{T}]_{\mathrm{U}}-[\mathrm{Loss}]_{\mathrm{U}}-[k] \quad (\mathrm{dBHz}) \tag{9-33}$$

9.2.2　下行链路

卫星下行链路是卫星向地球站方向传输信号的链路，即卫星发送信号，地球站接收信号。用下标 D 表示下行链路，式（9-30）变为

$$\left[\frac{C}{N_0}\right]_{\mathrm{D}}=[\mathrm{EIRP}]_{\mathrm{D}}+\left[\frac{G}{T}\right]_{\mathrm{D}}-[\mathrm{Loss}]_{\mathrm{D}}-[k] \tag{9-34}$$

当需要计算载波噪声功率比而不是载波与噪声功率密度之比时，假设信号带宽 B 等于噪声带宽 B_{N}，式（9-27）变为

$$\left[\frac{C}{N}\right]_{\mathrm{D}}=[\mathrm{EIRP}]_{\mathrm{D}}+\left[\frac{G}{T}\right]_{\mathrm{D}}-[\mathrm{Loss}]_{\mathrm{D}}-[k]-[B] \tag{9-35}$$

9.2.3　合成的上行链路和下行链路载噪比

一条完整的卫星链路包括一条上行链路和一条下行链路，如图 9-4（a）所示。在上行链路卫星接收机的输入端引入噪声。将单位频带内的噪声功率记为 P_{NU}，那么上行链路的载噪比为$(C/N_{\mathrm{o}})_{\mathrm{U}}=(P_{\mathrm{RU}}/P_{\mathrm{NU}})$。注意，这里使用的是功率电平值而不是分贝值。

卫星链路末端的载波功率记为 P_R，显然这也是下行链路的接收载波功率。它等于 γ 倍的卫星输入的载波功率，γ 是从卫星输入端到地球站输入端的系统功率增益，参见图 9-4（a），其中包括卫星转发器的增益，下行链路的损耗，地球站接收天线增益和馈线损耗。

卫星输入端的噪声乘以 γ 后到达地球站输入端，除此之外，地球站还有它自己产生的噪声功率，记为 P_{ND}，因此链路终点的噪声功率为 $\gamma P_{NU}+P_{ND}$。

如果不考虑 γP_{NU} 的影响，那么下行链路的 C/N_o 等于 P_R/P_{ND}。而在地球站接收机端得到的合成 C/N_o 等于 $P_R/(\gamma P_{NU}+P_{ND})$，信号传输参见图 9-4（b）。合成载噪比仅由单个的链路值决定。为了证明这一点，采用噪声与载波功率比来说明。将合成载噪比记为 C/N_o，上行链路载噪比记为$(C/N_o)_U$，下行链路的载噪比记为$(C/N_o)_D$，则有

$$\frac{N_0}{C}=\frac{P_N}{P_R}=\frac{\gamma P_{NU}+P_{ND}}{P_R}=(\frac{N_0}{C})_U+(\frac{N_0}{C})_D \tag{9-36}$$

式（9-36）表明，为了得到整个卫星传输链路的合成 C/N_o 值，必须计算每个分量的倒数之和以获得 N_o/C，而 N_o/C 的倒数就是 C/N_o。换一个角度看，采用这种求倒数和的倒数的方法，是因为系统传输信号的功率只经过放大或衰减，而各种环节的噪声功率却以相加的形式出现。

若上下行传输链路的带宽一致，那么整个卫星传输链路的合成载噪比 C/N 值，可以通过上行链路$(C/N)_U$ 和下行链路$(C/N)_D$ 分量的倒数之和获得 N/C。

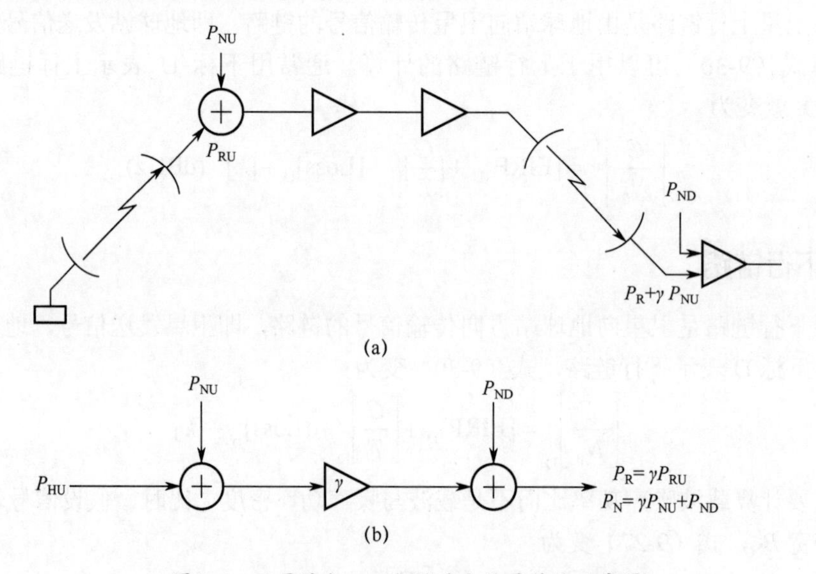

图 9-4 卫星的上、下行链路和信号传输示意图

（a）合成的上、下行链路；（b）对应于图（a）中的功率流向图。

【例 9-2】某卫星链路，上下行带宽一致，其上行链路和下行链路的载波和噪声谱之比分别为 100dB 和 87dB。计算合成的 C/N。

解：由题意可知，上行链路的$\frac{C}{N}=10^{\frac{[\frac{C}{N}]}{10}}=10^{10}$；同理,下行链路的$\frac{C}{N}=10^{\frac{[\frac{C}{N}]}{10}}=10^{8.7}$。

则合成的$\dfrac{C}{N}=\dfrac{1}{10^{-10}+10^{-8.7}}=2.095\times10^{9}$，即$[\dfrac{C}{N}]=10\lg(2.095\times10^{9})=86.79$ (dB)。

【例 9-3】某地球站天线口径为 4m，天线发射机功率 P_T=100W，发射频率为 14GHz，该天线与一颗对地静止卫星对准，卫星天线波束角度 θ_{3dB}=2°，卫星天线效率 η=0.55，地球站天线效率 η=0.6。试计算地球站天线增益，EIRP 值，以及卫星的天线口径，以及卫星接收机接收到的功率值。若经过卫星转发至同一类型地球站，发射功率为 10W，频率变为 12GHz，发射天线口径为 0.88m，卫星天线效率 η=0.55，收地球站天线与发地球站天线大小一致，则该地球站接收到的功率为多少？

解：利用作图法解该题，如下：

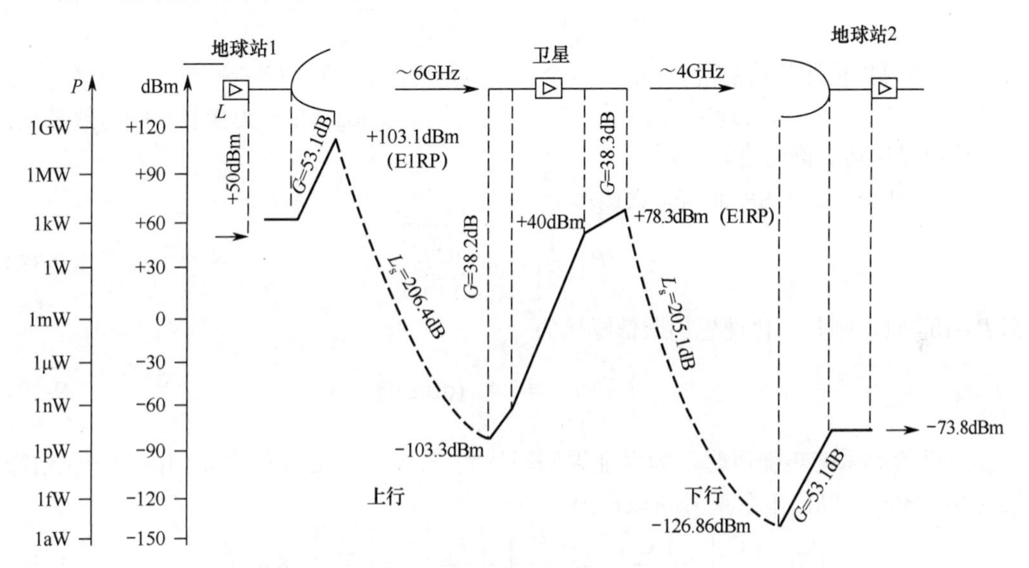

9.3　卫星链路设计

卫星通信系统的基本任务是将信息按照用户的要求传送到目的地，为此需要对卫星通信线路进行设计和计算，以满足用户对服务质量的要求。

9.3.1　卫星通信系统线路设计步骤

一个单向卫星通信系统线路的设计可按以下步骤来完成，反向线路的设计也遵循相同的步骤。

（1）确定卫星通信系统工作的频段；

（2）确定卫星通信系统的参数，估计所有未知的值；

（3）确定发送和接收地球站的参数；

（4）从发送地球站开始，设计一个上行线路的各部分参数，确定卫星接收系统的参数，给出上行链路性能的预算$[C/N]_U$；

（5）根据上行链路的性能预算，得出卫星下行转发的输出功率；

（6）根据接收地球站的参数，设计计算下行线路的传输信号功率和系统噪声，得出在卫星通信波束覆盖边缘处（最坏的情况）地球站的$(C/N)_D$；

（7）计算卫星通信线路总的C/N，求出线路的余量，根据系统设计要求进一步优化。

9.3.2 数字卫星通信线路的设计与计算

（1）数字卫星通信线路标准。目前国际卫星通信组织暂定保证误码率达到 $P_e=10^{-4}$ 作为线路标准。

（2）主要通信参数的确定。在接收数字信号时，载波接收功率与噪声功率之比 C/N 可以写成

$$\frac{C}{N}=\frac{E_s R_s}{n_0 B}=\frac{(E_b \log_2 M)R_s}{n_0 B} \tag{9-37}$$

式中：E_b为每单位比特信息能量；E_s为每个符号波形能量，对于M进制，则有$E_s=E_b\log_2 M$；R_s为符号传输速率（波特速率）；R_b为比特速率，且$R_b=R_s\log_2 M$；B为接收系统等效带宽；n_0为单边噪声功率谱密度。

对于 BPSK 或 QPSK 而言，误码率为

$$P_e=\frac{1}{2}\left[1-\operatorname{erf}\sqrt{\frac{E_b}{n_0}}\right] \tag{9-38}$$

当$P_e=10^{-4}$时，则归一化理想门限信噪比为

$$\left[\frac{E_b}{n_0}\right]_{TH}=8.4\quad(\text{dB/bit}) \tag{9-39}$$

当仅考虑系统热噪声时，为保证误码率达到 $P_e=10^{-4}$，必须的理想门限归一化信噪比为 8.4dB/bit，则门限余量 E 可表示为

$$[E]=\left[\frac{C}{N}\right]_T-\left[\frac{C}{N}\right]_{TH}=\left[\frac{E_b}{n_0}\right]-\left[\frac{E_b}{n_0}\right]_{TH}=\left[\frac{E_b}{n_0}\right]-8.4\quad(\text{dB}) \tag{9-40}$$

考虑到 TDMA 地球站接收系统和卫星转发器等设备特性不完善所引起的性能恶化必须采取门限余量作为保证措施。

接收系统的频带特性是根据误码率最小的原则设定的。根据奈奎斯特速率准则，在频带宽度为 B 的理想信道中，无码间串扰时码字的极限传输速率为 $2B$ 波特。由于 PSK 信号具有对称的两个边带，其频带宽度为基带信号频带宽度的 2 倍，因此为了实现对 PSK 信号的理相解调，系统理想带宽应等于符号传输速率（波特速率）R_s。但从减小码间干扰的角度出发，一般要求选取较大的频带宽度，取最佳带宽为

$$B=(1.05\sim1.25)R_s=\frac{(1.05\sim1.25)R_b}{\log_2 M} \tag{9-41}$$

 本章要点

1．采用频率调制的模拟卫星系统中，解调器输出的话路信噪比 SNR，是衡量信号传输质量的基本性能指标。在数字卫星系统中，地球站接收到的卫星信号的性能，是用平均比特误码率来衡量的。它是线路信噪比、信息比特间隔时间和卫星通道带宽噪声的

函数，是平均比特功率和噪声功率谱密度 E_b/N_0 的函数。

2．数字微波的信道噪声可以分为 4 类，分别为热噪声（包括本振噪声）、各种干扰噪声、波形失真噪声和其他噪声。

3．天线馈线系统送给收信输入端的固有热噪声功率 $N_{固}$ 为 $N_{固} = N_F \cdot kT_0B$ (W)。

4．有效全向辐射功率 $\mathrm{EIRP}=P_sG_s$。

5．接收信号的功率为发信机信号功率与发射天线增益、接收天线增益的叠加，再去掉所有的其他损耗以及干扰噪声，表示为

$$[P_R]=[P_T]+[G_T]+[G_R]-[\mathrm{Loss}] \quad (\mathrm{dBW})$$

6．接收机前端的载噪比 $\dfrac{P_R}{P_N}$ 可以表示为

$$[\frac{P_R}{P_N}]=[\mathrm{EIRP}]+[G_R]-[\mathrm{Loss}]-[k]-[T]-[B]$$

$$[\frac{P_R}{P_N}]=[\mathrm{EIRP}]+[\frac{G_R}{T}]-[\mathrm{Loss}]-[k]-[B]$$

载波功率与噪声功率密度的比值为

$$\left[\frac{P_R}{N_0}\right]=[\mathrm{EIRP}]+[\frac{G}{T}]-[\mathrm{Loss}]-[k] \quad (\mathrm{dBHz})$$

$$\left[\frac{P_R}{N_0}\right]=[\psi_M]+[A_0]+[\frac{G}{T}]-[L_o]-[k] \quad (\mathrm{dBHz})$$

平均比特功率同噪声功率密度比值为

$$\left[\frac{E_b}{N_0}\right]=[\mathrm{EIRP}]+[\frac{G}{T}]-[\mathrm{Loss}]-[k]-[R_b] \quad (\mathrm{dB})$$

7．品质因数 G/T 越大，则载噪比越高，表明系统的接收性能越好。国际卫星通信组织以标准 A 站在 4GHz、仰角为 5° 时的 G/T 为参考给出对地球站工作在其他频率下的品质因数做出了规定，即

$$\frac{G}{T}=40.7+20\lg\frac{f}{4} \quad (\mathrm{K}^{-1})$$

8．功率通量密度 ψ_M 和 EIRP 的关系为

$$[\mathrm{EIRP}]=[\psi_M]+[A_0]+[L_s]$$

9．若上下行带宽一致，将合成载噪比记为 C/N，上行链路载噪比记为 $(C/N)_U$，下行链路的载噪比记为 $(C/N)_D$，则有

$$\frac{N}{C}=(\frac{N}{C})_U+(\frac{N}{C})_D$$

习　题

1．数字微波的线路噪声分为哪几种？

2．一个静止卫星系统的地球站发射机的输出功率为 3kW，发射馈线系统衰减为 0.5dB，发射天线口径为 25m，天线效率为 0.7，上行链路工作频率为 6GHz，地球站与

卫星间的距离为4×10^4km，转发器天线增益为0.5dB，接收馈线损耗为1dB。计算卫星接收机的输入信号功率为多少？

3．卫星电视信号占用了卫星转发器的全部36MHz带宽，要求在地球站接收机设计载噪比达到22dB。自由空间损耗为197dB，大气吸收损耗为2dB，接收机馈线损耗为1dB，接收地球站性能因数为31dB/K。试求所需要卫星转发器的EIRP值？

4．卫星链路传输的信号为QPSK信号，其中使用了滚降系数为0.2的升余弦滚降滤波器，要求BER为10^{-5}。转发器带宽为36MHz，自由空间损耗为197dB，大气吸收损耗为2dB，接收机馈线损耗为1dB，接收地球站性能因数为32dB/K。计算：（1）此传输链路的比特率？（2）试求所需要卫星转发器的EIRP值？

5．某卫星电路上下行链路带宽一致，上行链路的[C/N]值为25dB，下行链路[C/N]值为15dB，计算该链路总的[C/N]值？

第4篇

卫星通信的应用

第 10 章

卫星通信系统的应用

本章核心内容

- 卫星移动通信系统
- 典型的对地静止卫星系统
- 典型的非对地静止卫星系统

10.1 卫星移动通信系统

10.1.1 卫星移动通信系统的分类

卫星移动通信系统按用途可分为海事卫星移动系统（MMSS）、航空卫星移动系统（AMSS）和陆地卫星移动系统（LMSS）。MMSS 旨在帮助海上救援工作，提高船舶使用效率和管理水平，改善海上通信业务和提高无线定位能力；AMSS 主要用于在飞机上与地面之间为机组人员和乘客提供话音和数据通信；LMSS 则主要是利用卫星为陆地上行驶的车辆提供通信。

按卫星运行轨道来分，卫星移动通信系统基本上可分为同步轨道（GEO）、中轨道（MEO）和低轨道（LEO）系统。GEO 系统技术成熟，成本低。对于 GEO 系统，利用三颗卫星可构成覆盖除地球南、北极地区的卫星移动通信系统。采用 GEO 系统的优点是只用几颗卫星即可实现廉价的区域性卫星移动通信，但缺点有二：一是传播时延较大，两跳话音通信时的通信延迟不易被用户所接受；二是传播损耗大，使手持卫星终端不易于实现。

LEO 和 MEO 系统近几年引起人们普遍关注，其原因有二：一是同步轨道日益拥挤；二是具有比同步卫星轨道低、传播延迟时间短、传播路径损耗小、可实现真正的全球覆盖等优点。因此，LEO 和 MEO 系统在个人卫星通信业务方面具有极大的潜力。

10.1.2 卫星移动通信系统的特点

卫星移动通信是指利用卫星转发器构成的通信链路，使移动体之间或移动体与固定体之间建立的通信。因此，它可以看成是陆地移动通信系统的延伸和扩展。卫星移动通信系统是由移动终端、卫星（转发器）、地球站构成的。移动终端的小型化，系统的全球网络化，使卫星移动通信具有许多新的特点：

（1）系统庞大、构造复杂、技术要求高、用户（站址）数量多。

（2）移动终端设备的体积、质量、功耗均受限，天线尺寸外形受限于安装的载体（如飞机、汽车、船舶等），手持终端的要求更加苛刻。

（3）卫星天线波束能适应地面覆盖区域的变化并保持指向，用户移动终端的天线波束能随用户的移动而保持对卫星的指向，或者是全方向性天线波束。

（4）卫星移动通信系统中的用户链路，工作频段受到限制，一般在 200MHz～10GHz。

（5）移动终端的 EIRP 有限，因此对空间段的卫星转发器及星上天线需专门设计，并采用多点波束技术和大功率技术以满足系统的要求。

（6）当移动终端与卫星转发器间的链路受到阻挡时，由于移动体的运动，会产生"阴影"效应，从而造成通信的中断。

（7）多颗卫星构成的卫星星座系统，可以建立星间通信链路，进行星上处理以及星上交换；也可以建立具有交换和处理能力的信关地球站。

卫星移动通信保持了卫星通信固有的一些优点，与地面蜂窝系统相比，其优点为：覆盖范围大；路由选择较简单；通信费用与通信距离无关。因此，利用卫星通信的多址传播方式可提供大跨度、远距离和大覆盖面的漫游移动通信业务。另外，卫星移动通信可以提供多种服务，例如移动电话、调度通信、数据通信、无线定位以及寻呼服务等。

10.2 卫星通信系统的业务

A. C. Clarke 提出了利用对地静止卫星实现覆盖除南北两极相对较小区域之外的全球的通信构想，这个构想的基本原理较为简单，但是在实施过程中遇到很多问题。为了解决实施过程中遇到的各种问题，人们发明了许多新技术，并最终将卫星业务扩展到众多新的领域。

目前，对地静止卫星是实际应用中使用最多的卫星，远远超出了覆盖全球所需的 3 颗。假定卫星的轨道间隔为 2º，则对地静止轨道可同时容纳 180 颗卫星。当然，卫星并不是在轨道上均匀排列的，在业务需求较大区域所对应的轨道位置上一般有一组卫星。比较典型的对地静止卫星应用实例有：提供全球覆盖的国际海事卫星（Inmarsat）系统；提供区域覆盖的瑟拉亚卫星（Thuraya）系统；北美移动卫星（MSAT）系统；甚小口径终端系统（VSAT）等。

此外，利用非对地静止卫星来提供各种业务方面也取得了飞速发展，如全球星系统（Globalstar）、全球定位系统（GPS）、全球个人通信系统即铱星系统（Iridum）等。

近年来，利用通信卫星作为中继站在地面站之间转发高速率通信业务的宽带多媒体卫星通信系统，是宽带业务需求与现代卫星通信技术相结合的产物，也是当前卫星通信的主要发展方向之一。

10.3 典型的对地静止卫星通信系统应用

10.3.1 Inmarsat 系统

国际海事卫星（Inmarsat）系统是由国际海事组织经营的全球卫星移动通信系统。自 1982 年开始经营以来，全球使用该系统的国家已超过 160 个，用户从初期的 900 多个海上用户已发展到今天包括陆地和航空在内的 29 万多个用户。为了满足不断的增长业务需求，国际海事卫星系统目前已经发展到第四代。表 10-1 列出了 Inmarsat 各代卫星主要技术指标。

表 10-1 Inmarsat 各代卫星主要技术参数

	Inmarsat 2	Inmarsat 3	Inmarsat 4
卫星数量	4	4+1	3
覆盖特点	全球波束	全球波束+7 个宽点波束	全球波束+19 个宽点波束+228 个窄点波束
EIRP/dBW	39	49	67
信道化	4.5～7.3MHz（4 条信道）	0.9～3.3MHz（46 条信道）	200kHz（630 条信道）
卫星净重/kg	700	1000	3000
太阳能帆板/m	14.5	20.7	48.0
发射时总重/kg	1500	2050	6000
导航支持	否	是	是

BGAN 是全球宽带网的英文简称，是国际海事卫星组织建立的第四代卫星移动通信系统。BGAN 是第一个通过手持终端向全球同时提供话音和宽带数据的移动通信系统，也是第一个提供数据速率保证的移动卫星通信系统，可以为全球几乎任何地方的用户提供速率高达 492kbit/s 的网络数据传输、移动视频、视频会议、传真、电子邮件、局域网接入等业务和多种附加功能。它兼容第 3 代（3G）陆地移动通信系统，综合了高低端多种业务模式，采用了多种先进技术确保通信的高质量和系统的高可靠度。

1. BGAN 系统的空间段

Inmarsat 4 系统共有 3 颗完全相同的卫星，由欧洲 EADS Astrium 公司研制。卫星主体尺寸为 7m×2.9m×2.3m，太阳能帆板翼展 45m，在轨质量约为 3000kg，设计寿命为 10 年，如图 10-1 所示。与 Inmarsat 的前几代卫星相比，Inmarsat 4 卫星显得更大更成熟也更先进。Inmarsat 4 卫星的太阳能帆板更大，能够提供更高的 EIRP，进而提供更多的信道和更高的速率。

图 10-1 BGAN 系统卫星照片

2. BGAN系统的地面段

Inmarsat系统的地面段由设在伦敦的Inmarsat总部的卫星控制中心（SCC）、4个遥感遥测控制中心（TT&C）和2个卫星接入站（SAS）组成。控制中心负责卫星在轨道上的位置保持和确保星上设备的正常运转。卫星的状态数据由4个遥感遥测控制（TT&C）中心负责传递给SCC，这4个TT&C站分别位于意大利的Fucino、中国的北京、加拿大西部的Lake Cowichan和加拿大东部的Pennant Point，同时在挪威的Eik建有一个备用站。在意大利的Fucino和荷兰的Burum各建有一个卫星接入站（SAS）。卫星接入站之间通过数据通信网（DCN）连接，管理全球网络中的宽带业务部分。Inmarsat通过网络操作中心（NOC）负责整个网络的控制和管理，而卫星的控制则由卫星控制中心（SCC）来负责。这两大系统需要协调工作，根据网络流量和地理流量分布的函数来动态地给各个点波束重新配置和分配信道。图10-2给出了BGAN系统地面段组成和逻辑关系示意图。

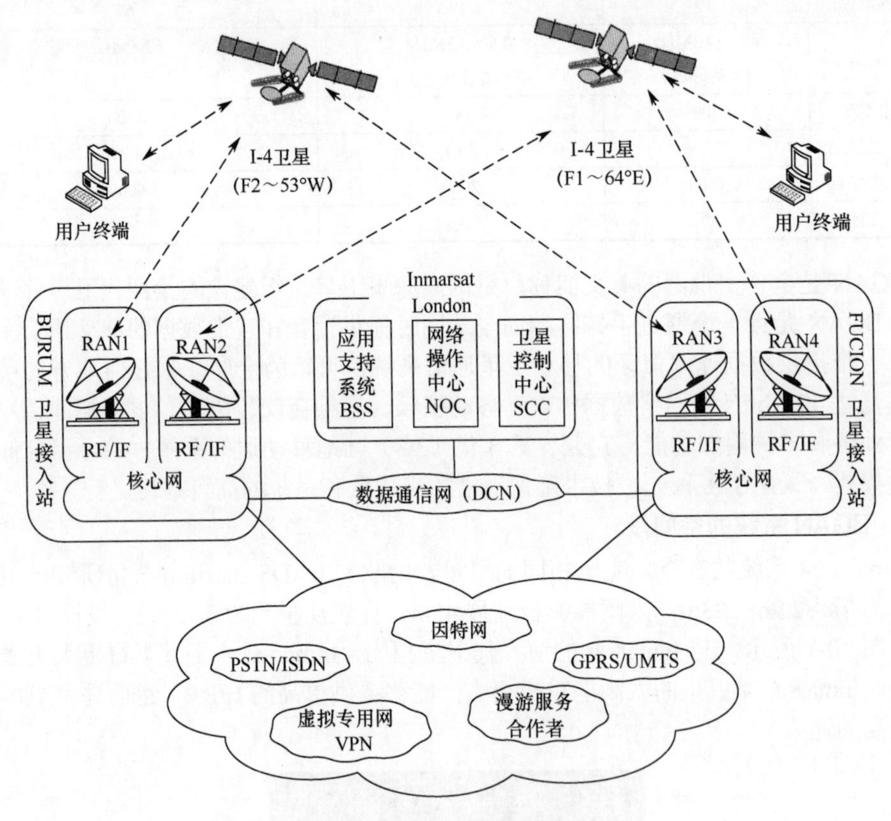

图10-2 BGAN系统地面段

3. BGAN系统的用户段

Inmarsat BGAN终端是基于卫星调制解调器概念设计的，一般包括天线单元、接口单元和用于话音通信的手持机以及一套辅助用户准确指向卫星的软件等部分。接口单元在进行话音通信时可以采用有线或蓝牙方式和话机相连（取决于电话机）。在进行数据通信时也可以选择多种方式与个人电脑或PDA等相连接，不同终端提供的数据接口不完全相同，具体连接方式视终端类型和型号而定。

一个BGAN终端可以同时支持两种业务，即在高速数据传输的同时进行话音通信，也可以由用户选择仅当作数据调制解调器或仅当作电话使用。数据通信时，数据分组经由 IP 路由器在 BGAN IP 网内以分组交换的方式传输；话音通信时，话音通过交换机以电路交换方式传输，即一个终端可以在两个网络进行通信，如图 10-3 所示。

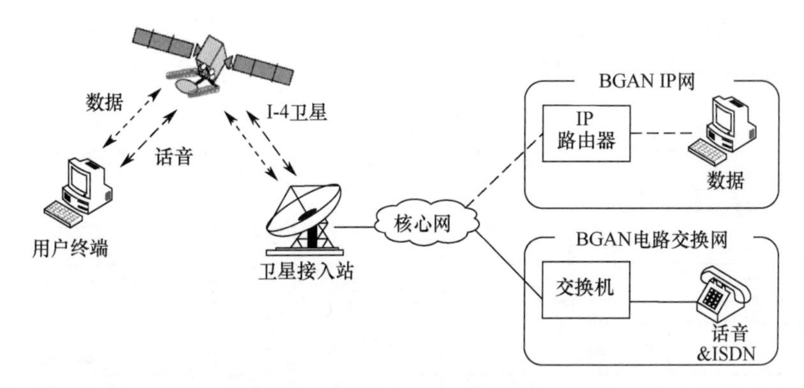

图 10-3　一个终端两个网络

Inmarsat BGAN 将提供一系列符合移动电信标准的终端，包括连接到手持机和 PC 的个人设备、连接到甲板设施和通信系统的海事和航空机动设备、连接到局域网的远端基站等。表 10-2 列出了一些终端产品的特征、支持的业务、预期性能、接口以及制造商等信息，既有小体积、窄带宽的设备，也有大体积、宽带宽的设备，以不同的功能特点和价格面向不同需求的用户。

表 10-2　BAGN 系统终端列表

产品名称	R-BGAN 入门级	Wideye™ Sabre™	Nera WorldPro 1000	Explorer™ 500	HNS 9201
产品描述	基于 IP 的入门级设备	话音和数据入门级设备	同类设备中最小巧轻便者	高带宽高便携式设备	高性能多用户设备
尺寸/mm	300×240	384×180	200×140	217×217	345×275
重量/kg	1.6	1.2	<1	<1.5	2.8
标准 IP/（kbit/s）	144（发送/接收）	384/240（发送/接收）	384/240（发送/接收）	464/448（发送/接收）	492（发送/接收）
流媒体 IP/(kbit/s)	不支持	32,46（发送/接收）	32,46（发送/接收）	32,46,128（发送/接收）	32,46,128,256（发送/接收）
ISDN	不支持	不支持	不支持	通过 USB	1×46kbit/s
话音	通过 VoIP 进行	通过 RJ11 或 Bluetooth 手持机或头戴式设备	通过 Nera WorldSet ISDN 电话，Bluetooth 手持机	通过 RJ11 或 Bluetooth 手持机	通过 ISDN 手持设备
数据接口	USB, Bluetooth, Ethernet	USB, Bluetooth, Ethernet	USB, Bluetooth, Ethernet	USB, Bluetooth, Ethernet	USB,Ethernet, WLAN 802.11b
制造商	休斯网络系统公司（HNS）	AddValue 通信公司	Nera 卫星通信公司	Thrane&Thrane 公司	休斯网络系统公司（HNS）

4. BGAN 系统的主要技术指标

Inmarsat 4 卫星是成熟的商业通信卫星。除了先进的卫星公共舱，其通信有效载荷也非常先进。Inmarsat 4 卫星采用多波束天线，卫星有 1 个全球波束、19 个宽点波束和 228 个窄点波束。不同波束提供不同的业务：全球波束用于信令和一般数据的传输；宽点波束用来支持以前的业务；窄点波束用来实现新的宽带业务。窄点波束比一般波束的天线增益大很多，同时使用了灵活的功率分配（热波束）技术，卫星容量可以根据业务需求进行重新分配。通过提高卫星的增益来降低对移动终端增益的要求，从而在低增益终端上实现高速数据通信。表 10-3 列出了 BGAN 系统部分技术参数。

表 10-3　BGAN 系统技术参数

投入时间	2005 年	EIRP	67dBW
调制方式	16QAM/QPSK	每信道带宽	200kHz
用户链路	L 波段	编码方式	Turbo 码
馈电链路	C 波段	极化方式	右旋圆极化（RHCP）（L 波段）
前向链路	馈电链路：6424～6575MHz 用户链路：1525～1559MHz	反向链路	馈电链路：3550～3700MHz 用户链路：1626.5～1660.5MHz
数据速率	最高达到 492kbit/s	波束覆盖	1 全球+19 宽波束+228 窄波束
转发器功率	14kW	星际链路	C-C 波段：用于定时和同步 UT-UT：转发器星际链路
业务	电子邮件、信息；数据文件传输；Internet 接入；Intranet 接入；远程 LAN 接入；远程数据库连接；视频会议；电话		

10.3.2　Thuraya 系统

Thuraya 系统是由总部设在阿联酋阿布扎比的 Thuraya 卫星通信公司建立的区域性静止卫星移动通信系统。Thuraya 系统的卫星网络覆盖欧洲、北非、中非、南非大部、中东、中亚、南亚等 110 个国家和地区，约涵盖全球 1/3 的区域，可以为 23 亿人口提供卫星移动通信服务。Thuraya 系统终端整合了卫星、GSM、GPS 三种功能，向用户提供语音、短信、数据（上网）、传真、GPS 定位等业务。

1. Thuraya 系统的空间段

Thuraya 系统的空间段包括在太空的卫星和地面的卫星控制设备（SCF）两部分。Thuraya 系统由 3 颗相同的静止轨道卫星（Thuraya 1、Thuraya 2 和 Thuraya 3）组成。Thuraya 卫星是非常先进的大型商用通信卫星，采用双体稳定技术，设计寿命 12 年，在轨尺寸为 34.5m×17m，其外形如图 10-4 所示。

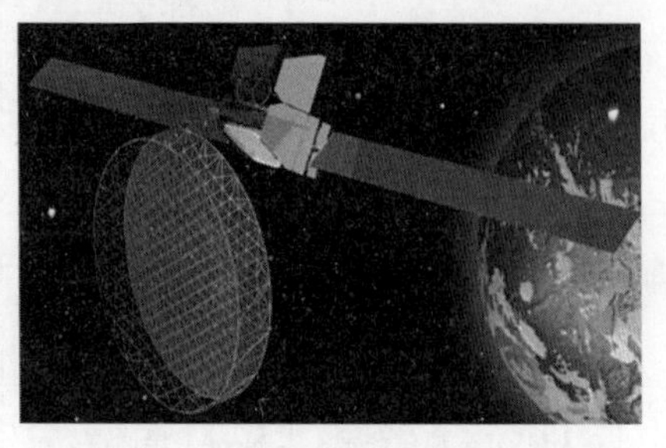

图 10-4　Thuraya 系统卫星外形图

Thuraya 卫星包括卫星平台和有效载荷两部分。卫星平台包括指向控制、姿态维持、电源和热控等部分。有效载荷子系统是指星上的通信设备，包括星载天线、数字信号处理和交换单元等，具体有：

（1）12.25m 口径卫星天线，可以产生 250～300 个波束，提供和 GSM 兼容的移动电话业务。

（2）星上数字信号处理，实现手持终端之间或终端和地面通信网之间呼叫的路由功能，便于公共馈电链路带宽和便于各个点波束之间的用户链路的互联。

（3）数字波束成形，能够重新配置波束覆盖，能够扩大波束也可以形成新的波束，可以实现热点区域的最优化覆盖，可以灵活地将总功率的 20%分配给任何一个点波束。

（4）高效利用频率，频率复用 30 次。

（5）系统能够同时提供 13750 条双工信道，包括信关站和用户之间、用户之间的通信链路。

卫星的地面控制设备可以分为三类：命令和监视设备；通信设备；轨道分析和决策设备。命令和监视设备负责监视卫星的工作状况，使卫星达到规定的姿态并完成姿态保持。命令和监视设备又可以分为卫星操作中心（SOC）和卫星有效载荷控制点（SPCP）。SOC 负责控制和监视卫星的结构健康，而 SPCP 负责控制和监视卫星的有效载荷。轨道分析和决策设备的主要功能是计算卫星在空间的位置，并指示星上驱动设备进行相应的操作，这主要是为了保持卫星和地球的同步。通信设备用于通过一条专用链路传输指令及接收空间状态和流量报告。

2. Thuraya 系统的地面段

Thuraya 系统地面段通过一个同时融合了 GSM、GPS 和大覆盖范围的卫星网络向用户提供通信服务，在覆盖范围内的移动用户之间可以实现单跳通信。地面段的规模包括：175 万个预期用户、13750 条卫星信道、一个主信关站和多个区域性信关站，主信关站建在阿联酋的阿布扎比。区域性信关站基于主信关站设计，可以根据当地市场的具体需要建立和配置相应的功能，独立运作并且通过卫星和其他区域信关站连接，提供和 PSTN/PLMN 的多种接口。

3. Thuraya 系统的用户段

Thuraya 系统的双模（GSM 和卫星）手持终端，融合了陆地和卫星移动通信两种服务，用户可以在两种网络之间漫游而不会使通信中断。Thuraya 系统的移动卫星终端包括手持、车载和固定终端等，提供商主要有休斯网络公司和 Ascom 公司。其中 SO-2510 和 SG-2520 是 Thuraya 卫星通信公司的第二代手持终端，是目前最轻和最小的卫星手机，具有 GPS 功能、高分辨率的彩色屏幕、大的存储空间、USB 接口并支持多国语言。

4. Thuraya 系统的主要技术指标

Thuraya 系统能够通过手持机提供 GSM 话质的移动话音通信以及低速数据通信，其主要技术指标如表 10-4 所列。

表 10-4 Thuraya 系统主要技术指标

静止卫星数	3颗	信道数	13750
业务	话音、窄带数据、导航等	信道带宽	27.7kHz
下行用户链路	1525～1559MHz	调制方式	π/4 QPSK
上行用户链路	1626.5～1660.5MHz	多址方式	FDMA/TDMA
下行馈电链路	3400～3625MHz	信道比特速率	46.8 kbit/s
上行馈电链路	6425～6725MHz	天线点波束	250～300
星际链路	不支持		

10.3.3 MSAT系统

北美移动卫星通信系统计划始于 20 世纪 80 年代初，它是由美国移动卫星公司（AMSC）和加拿大移动通信公司（TMI）共同提出的一项区域性移动卫星通信系统计划，即制造两颗相同的卫星，TMI 公司的卫星为 MSAT 1，AMSC 公司的卫星为 MSAT 2。它们均采用美国休斯公司最先进的 HS-601 卫星平台和加拿大斯派尔公司的有效载荷，两星互为备份。

MSAT 系统由卫星、关口站、基站、中心控制站、网控中心及移动终端组成，如图 10-5 所示。

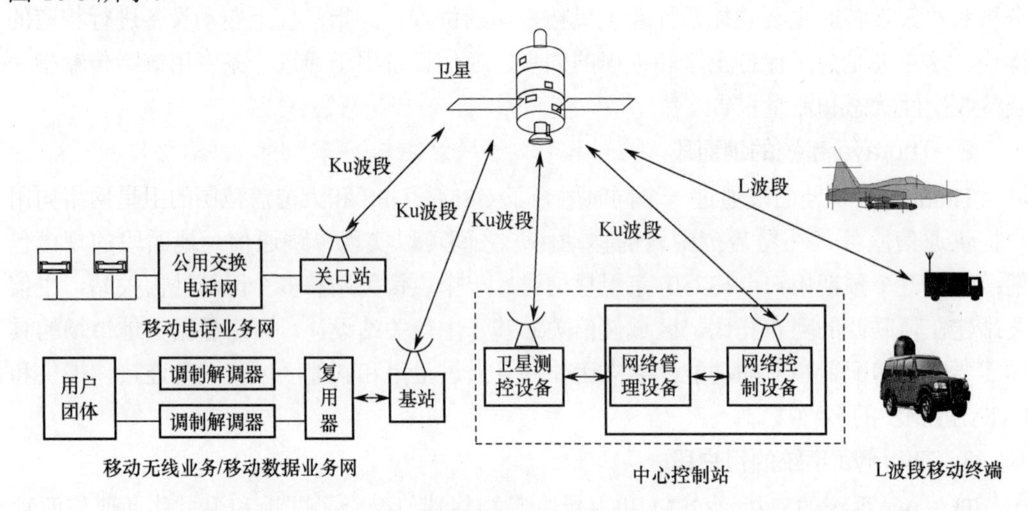

图 10-5 MSAT 系统的组成

1. MSAT 系统的空间段

MSAT 系统采用轨高 36000km 的同步卫星，两颗卫星均可覆盖加拿大和美国的几乎所有地区，并有覆盖墨西哥及加勒比群岛的能力。1995 年 4 月 7 日，美国 MSAT-2 率先由“宇宙神”火箭发射入轨。它质量为 2910kg，卫星发射功率高达 2880W，卫星通信天线覆盖地区的直径约为 5500km，有 4000 个信道，工作寿命 12 年。MSAT 卫星之所以采用强大的星载功率发射机，并安装了两个 5m×6m 的可展开式椭圆形网状天线，是为了能向地面发射很强的信号，并能灵敏地接收来自地面移动终端的微弱信号，从而满足移动通信的要求。

MSAT 1，MSAT 2 分别定点在西经 101°和 106.5°的静止轨道上，可用来传送文件、电话、电报等。卫星与地面站之间采用 Ku 波段（14GHz/12GHz），卫星与移动站之间采用 L 波段。MSAT 卫星的有效载荷与众不同，它的转发器由独立的前向链路和回程反向链路转发器组成，即采用一个混合矩阵转发器组成。前向链路转发来自馈电链路地球站的 Ku 波段上行信号，然后以 L 波段频率转发给用户终端，回程链路转发器则接收地球移动终端的 L 波段上行信号，然后以 Ku 波段频率转发至馈电链路地球站。因此，它能灵活适应各种调制类型和载波形式，保证使用 L 波段的用户终端和采用 Ku 波段的馈电链路地球站之间的大量模拟或低数据率数字话路的单路单载波传输。

2. MSAT 系统的地面段

中心控制站由两部分组成，即卫星控制部分和网络控制部分。卫星控制部分负责卫星的测控，网络控制部分则完成整个网络的运行和管理。关口站提供了与公众电话网的接口，使移动用户与固定用户之间可以互相通信。基站实际上是关口站的简化设备，是卫星系统与专用调度站（专用网）的接口，各调度中心通过基站进入卫星系统进行调度管理。数据主站（可以是基站）相当于 VSAT 系统中的枢纽站（主站），对移动数据终端起主控作用。

3. MSAT 系统的用户段

MSAT 系统的用户段分为数据终端和电话终端，主要包括：固定位置可搬移终端；使用方向性天线，增益为 15～22dB。车辆移动终端，使用全向天线，如倾斜偶极子天线等，仰角 20°～60°，增益 3～6dB，这种天线成本低、简单，但增益低、易受多径传播影响，因此车辆移动终端还可以使用中等增益天线，利用机械操纵的平面天线阵，这种天线带有能决定卫星位置的探测器，也可用电子操纵的相控阵天线，中等增益天线仰角 20°～60°，方位角 360°，增益 10～14dB。此外，还有机载移动终端、船载移动终端。

4. MSAT 系统的应用

MSAT 系统主要提供两大类业务，一类是面向公众通信网的电话业务，另一类是面向专用通信的专用移动无线业务。具体可分为以下几种：

（1）移动电话业务（MTS），提供车辆、船舶、飞机之间以及与公用网之间的话音通信。

（2）移动无线电业务（MRS），即用户移动终端与基站之间的双向话音调度业务。

（3）移动数据业务（MDS），即可能与移动电话业务或移动无线电业务结合起来的双向数据通信业务。

（4）航空及航海业务，即为了安全或其他目的的话音和数据通信业务。

（5）定位业务。

（6）终端可搬移的业务，即在人口稀少地区固定位置上使用可搬移终端为用户提供电话和双向数据业务。

（7）广域寻呼业务。

10.3.4 VSAT 系统

VSAT 表示甚小口径终端系统，天线口径小是 VSAT 系统最突出的特点，典型地球站天线的直径小于 2.4m。VSAT 的发展趋势是使用更小口径的天线，通常直径不超过 1.5m。VSAT 在概念上主要用于专用网，常用于提供双向通信业务。典型的用户群包括银行和商业网点、航空公司和宾馆预订机构，以及分支机构分布较广的大型零售商店等。

VSAT 网络的基本结构一般包括一个主站和众多 VSAT 站，中心站是一个向网内所有 VSAT 站广播信息的设施，VSAT 站通过某种多址方式接入卫星。中心站由业务提供商负责运营，可由众多用户共享使用。当然，每个用户组内的用户只能访问本网内的 VSAT 用户。从主站到 VSAT 站方向最常用的方式是时分复用（TDMA），这个信息被广播出去即可通过网内所有 VSAT 站接受，也可以通过地址编码将信息传送到指定的 VSAT 站。

从 VSAT 站到主站方向的接入方式要远比从主站到 VSAT 方向复杂，目前已经使用的多址接入方式较多，其中有很多种方式是专用的。最常用的接入方式是 FDMA，它允许用户使用相对较低功率的 VSAT 终端。也可以采用 TDMA，但它对低密度业务的 VSAT 站来讲效率较低。一个 VSAT 网络中的业务大多数是突发型数据业务，例如库存控制、信用卡验证、随机发生的且不频繁的预订请求，致使 TDMA 方式中的时隙分配浪费，导致信道利用率较低。在一些系统中也采用按申请分配方式，动态分配，既可以同 FDMA 一起使用，也可以和 TDMA 一起使用，但这种方法的缺点是必须要有一条反向信道，使得 VSAT 站可通过该信道发起信道请求。还有将 CDMA 同 Aloha 方式一起使用，这种方法可提供最高的吞吐量。

目前 VSAT 系统的最主要缺点是初期投资较高，因此需要较大的网络才能获得优化的系统（一般要超过 500 个 VSAT 小站），并且没有 VSAT 站到 VSAT 站之间的直接链路，都要通过卫星转发连接。技术的不断发展，尤其是微波技术和数字信号处理技术的发展，将使新一代的 VSAT 系统能够克服这些缺点。

10.4　典型的非对地静止卫星通信系统应用

10.4.1　全球星系统

全球星系统（Globalstar）是美国劳拉/高通（Loral/Qualcomm）公司于 1991 年 6 月 3 日向美国联邦通信委员会（FCC）提出的低轨道移动卫星通信系统。Globalstar 采用的结构和技术与“铱”系统不同，它并不是一个自成体系的系统。更确切地说，它是作为地面蜂窝移动通信系统和其他移动通信系统的延伸和补充，其设计思想是将地面基站“搬移”到卫星上，与地面系统兼容。也就是说，它可以与多个独立的网（公用网或专用网）同时运行，允许网间互通。其成本比铱星系统低，该系统采用具有双向功率控制的扩频码分多址技术，没有星间链路和星上处理，技术难度也小一些。“全球星”系统到 1999 年 11 月 22 日完成了由 48 颗星组成的卫星星座，2000 年 2 月 8 日又发射了 4 颗在轨备份星。2000 年 1 月 6 日正式在美国开始提供卫星电话业务。Globalstar 系统由卫星星座、关口站（GW）、网络控制中心（NCC）、卫星运作控制中心（SOCC）及遥测、跟踪和指令站（TT&C）组成，如图 10-6 所示。

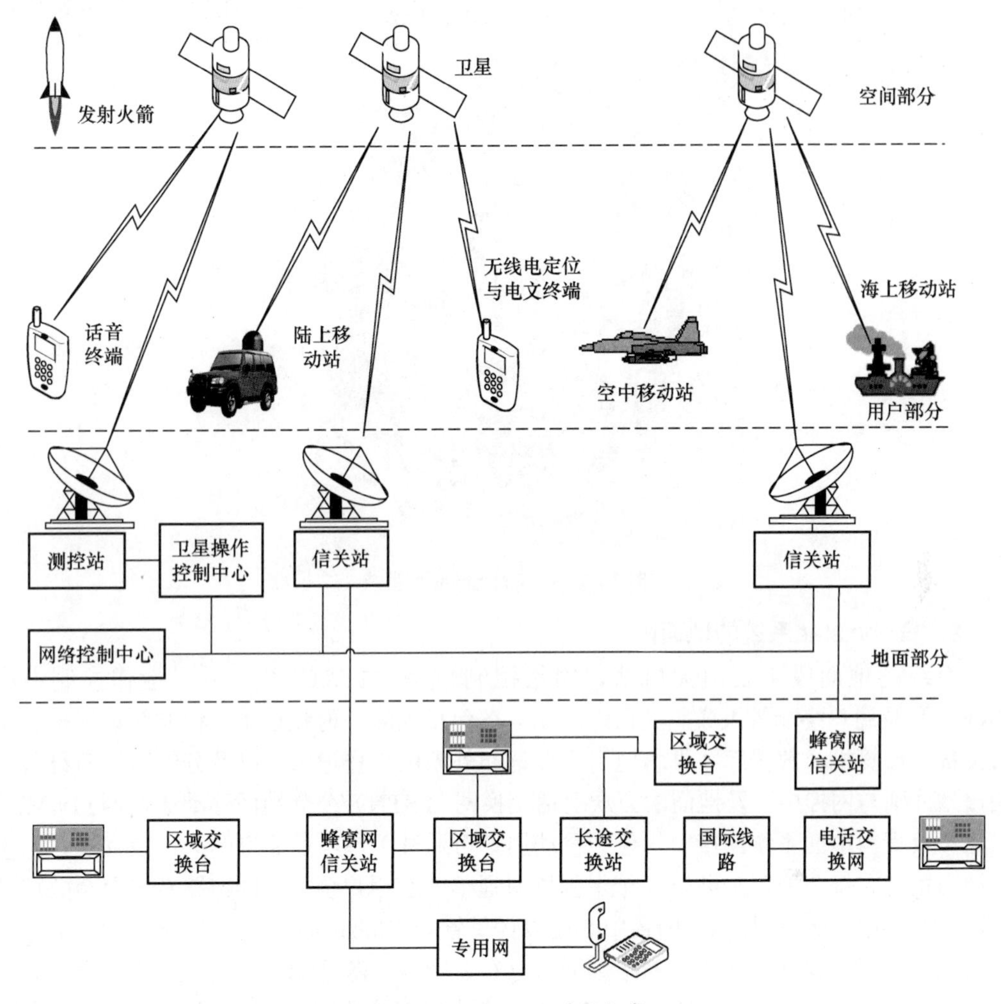

图 10-6 Globalstar 系统组成

1. Globalstar 的空间段

Globalstar 空间部分由 48 颗卫星组成卫星星座，它们分布在 8 个轨道面上，每个轨道 6 颗卫星（每个轨道上还有 1 颗备用星共 7 颗星），卫星轨道高度为 1410km，倾角 52°，轨道周期为 113min，每颗卫星与相邻轨道上最相近的卫星有 7.5°的相移，如图 10-7 所示。每颗卫星的典型质量约 400kg，有 16 个波束，可提供 2800 个信道，紧急情况下最大可有 2000 个信道集中在一个波束内。卫星的设计寿命为 7.5 年，采用三轴稳定。指向精度为±1°。该系统对北纬 70°至南纬 70°之间具有多重的覆盖，那里正是世界人口较密集区域，可提供更多的通信容量。全球星系统在每一地区至少有两星覆盖，在某些地方还可能达到 3～4 颗星覆盖。这种设计既防止了因卫星故障而出现“空洞”现象，又增加了链路的冗余度，用户可随时接入系统。每颗卫星与用户能保持 10～12min 通信，然后经软切换至另一颗星，使用户不感到有间隔，而前一颗星又转而为别的区域内用户服务。Globalstar 系统中，卫星与关口站之间的链路，上行为 C 波段 5091～5250MHz，下行为 C 波段 6875～7055MHz。卫星与用户单元之间，上行采用 L 波段 1610～1626.5MH，下行采用 S 波段 2483.5～2500MHz。

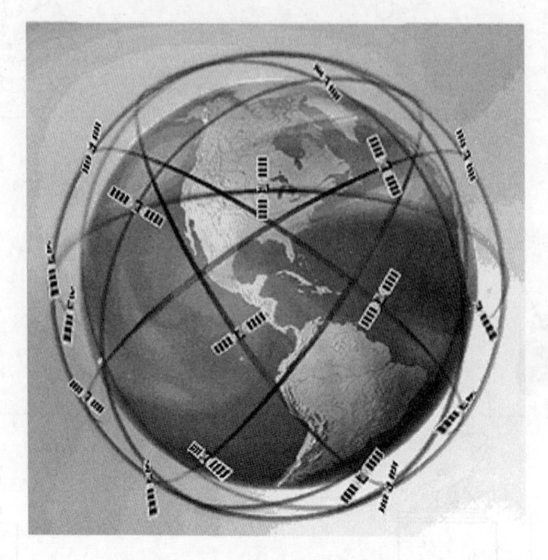

图 10-7 Globalstar 系统星座

2. Globalstar 系统的地面段

系统的地面段主要由关口站、网络控制中心、TT&C 站、卫星运作控制中心（SOCC）及用户终端等组成。关口地球站设备包括天线、射频设备、调制解调器架、接口设备、计算机、数据库（供本地用户登记和外来用户登记用）以及分组网接口设备。关口站分别与网控中心及地面的公众电话交换网（PSTN）/公众地面移动通信网（PLMN）互连，负责与地面系统的接口，任一移动用户可通过卫星与最靠近的关口站互连，并接入地面系统。每个关口站可与 3 个卫星同时通信。在用户至卫星的链路及卫星至关口站的链路上采用 CDMA 技术。网控中心用以提供管理 Globalstar 的通信网络能力。其主要功能包括注册、验证、计费、网络数据库分布、网络资源分配（信道、带宽、卫星等）及其他网络管理功能。TT&C 和 SOCC 用以完成星座的控制。TT&C 站监视每个卫星的运行情况，同时还要完成卫星的跟踪。SOCC 处理卫星的信息，以实现多种网络功能。经过处理的信息和数据库，通过网控中心分发给 Globalstar 的关口站，以便于跟踪并实现其他目的。卫星运作控制中心也要保证卫星运行在正确的轨道上。

3. Globalstar 系统的用户段

初期的用户单元将提供话音和无线电定位业务（RDSS）。类型有 3 种，即手持机、车载式和固定式，随后还将增加数据业务功能。Globalstar 的用户可以选用单模式或双模式的移动终端。单模式终端只能在 Globalstar 系统中使用，双模式终端既可以在 Globalstar 系统内使用，也可以在地面移动蜂窝系统或其他移动通信系统内使用。这些终端可以是支持语音和/或数据的手持机或车载台，寻呼和/或传信机，定位用的终端，当然也可以是三合一的综合终端。预计将来双模式终端用得最多。在美国可能是 Globalstar 加蜂窝，以实现广域漫游和覆盖农村；也可能是 Globalstar 加个人通信（PCN）。在欧洲可能是 Globalstar 加 GSM 或 Globalstar 加英国式 PCN。由于采用了 CDMA 技术，用户单元所需的发射功率很小，手持机的平均发射功率可低于 0.2W。

4. Globalstar 系统基本工作原理

Globalstar 系统的基本通信过程：移动用户发出通信请求的编码信息，通过卫星转发器，送到 Globalstar 系统处理关口站。首先由 NCG 进行处理，在完成同步、校验、位置数据库访问之后，NCG 向选择的关口站发送有关要使用的资源的信息（编码、信道数、同步信息）。然后，NCG 通过信令信道将分配的信息发送给移动用户，移动用户在同步之后即可发送要传送的信息。此信息经过移动用户上方的卫星转发器送到关口站，并通过现有的地面网络送到目标用户。若是移动用户对移动用户的通信，则要通过两移动用户各自相近的关口站完成。信号经公众电话网送到目标关口站，通过关口站和 NCG 之间的分组数据网进行信令交换。在确定用户能接收呼叫之后，将分配的情况发送给关口站。然后，NCG 通过卫星转发器使目标终端振铃，传输同步信号。移动用户得到分配的系统资源后，通信开始。在整个过程中，卫星只起转发器的作用。

10.4.2 铱星系统

铱星（Iridum）移动通信系统是美国摩托罗拉公司提出的依靠卫星通信系统提供联络的全球个人通信系统，由在距地球高度为 780km 左右的轨道上运行的 72 颗卫星组成。这 72 颗卫星分布在 6 个轨道面上，每个轨道面各有 12 颗卫星，其中一颗是备用卫星。由于原设计是布放 77 颗卫星，布放的卫星是按化学元素“铱”的原子序数排列，故取名为铱星通信系统。后来对原设计进行调整，布放卫星数目改为 66 颗（另有 6 颗备用卫星），但仍保留原名称。图 10-8 是铱星系统的外形图。

图 10-8　铱星系统的外形图

摩托罗拉公司于 1987 年正式宣布进行铱星系统的开发研究，历时 12 年，耗资达 57 亿美元，于 1998 年年底完成。但因其收费过高，加上传统移动电话迅速扩展而无法吸引大量顾客，铱星公司于 1999 年 8 月份申请破产保护后，2000 年底由新的美国铱星公司收购，并于 2001 年 3 月开始商业运行。铱星系统能够覆盖到全球各个角落，其潜在的客户将主要来自海事、民航、油气钻探、采矿、建筑、林业等部门以及其他一些组织和个人。目前，美国国防部是其最大的用户。铱星系统建成后，可使地球上的任何一个角

落都被不间断地覆盖，突破了现有基于地面的蜂窝无线通信的局限。无论在海上、陆地或空中，人们都可以利用铱星系统与任何地区的任何人通话，从而实现了真正意义上的“全球通”。如果通话距离较远，单个卫星无法完成传递任务，则信号可先通过各个卫星间传递。

1. 铱星系统的构成

整个铱星系统由卫星星座及其地面控制设施、关口站（提供与陆地公用电话网接口的地球站）、用户终端等组成，如图 10-9 所示。

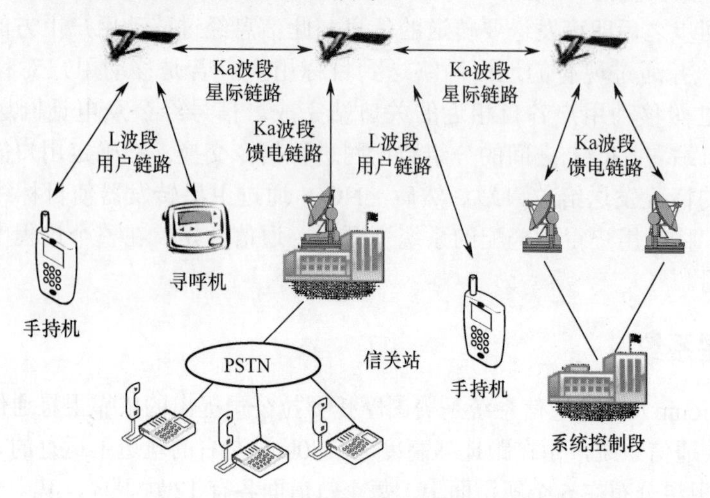

图 10-9　铱星系统组成

铱星系统空间段包括 66 颗低轨道智能化小卫星组成的星座。这 66 颗卫星联网形成可交换的数字通信系统。每颗卫星的质量约 700kg，可提供 48 个点波束，寿命为 5 年，采用三轴稳定。每颗卫星把星间交叉链路作为联网的手段，包括链接同一轨道平面内相邻两颗卫星的前视和后视链路，另外还有多达四条轨道平面之间的链路。星间链路使用 Ka 波段，频率为 23.18～23.38GHz。卫星与地球站之间的链路也采用 Ka 波段，上行为 29.1～29.3GHz，下行为 19.4～19.6GHz。Ka 波段关口站可支持每颗卫星与多个关口站同时通信。卫星与用户终端的链路采用 L 波段，频率为 1616～1626.5MHz，发射和接收以 TDMA 方式分别在小区之间和收发之间进行。

用户段包括地面用户终端。铱星系统能提供话音、低速数据、全球寻呼等业务。

地面段包括地面关口站、地面控制中心、网络控制中心。关口站负责与地面公网或专网的接口，网络控制中心负责整个卫星网的网络管理等，控制中心包括遥控、遥测站，负责卫星的姿态控制、轨道控制等。

公共网段包括与各种地面网的关口站，完成铱系统用户与地面网用户的互通。

2. 铱星系统基本工作原理

铱星系统采用 FDMA/TDMA 混合多址结构，系统将 10.5MHz 的 L 频段按 FDMA 方式分成 240 条信道，每个信道再利用 TDMA 方式支持 4 个用户连接。

铱星系统利用每颗星的多点波束将地球的覆盖区分成若干个蜂窝小区，每颗铱星利用相控阵天线，产生 48 个点波束，因此每颗卫星的覆盖区为 48 个蜂窝小区。蜂窝的频率分配采用 12 小区复用方式，因此每个小区的可用频率数为 20 个。铱星系统具有星间路由寻址功能，相当于将地面蜂窝系统的基站搬到天上。如果是铱星系统内用户之间通信，可以完全通过铱星系统而不与地面公网有任何联系，如果是铱星系统用户与地面网用户之间的通信，则要通过系统内的关口站进行通信。

铱星系统允许用户在全球漫游，因此每个用户都有其归属的关口站（HLR），处理呼叫建立、呼叫定位和计费。该关口站必须维护用户资料，如用户当前位置等。当用户漫游时，用户开机后先发送“Ready to Receive”信号，如果用户与关口站不在同一个小区中，信号通过卫星发给最近的关口站；如果该关口站与用户的归属关口站不同，则该关口站通过卫星星间链路与用户的 HLR 联系要求用户信息，当证明用户是合法用户时，该关口站将用户的位置等信息写入其 VLR（拜访寄存器）中，同时 HLR 更新该用户的位置信息，并且该关口站开始为用户建立呼叫。当非铱星用户呼叫铱星用户时，呼叫先被路由选择到铱星用户的归属关口站，归属关口站检查铱星用户的资料，并通过星间链路呼叫铱星用户，当铱星用户摘机，呼叫建立完成。

10.4.3　全球定位系统

全球定位系统（GPS）由一个运行在倾斜圆轨道上的 24 颗星的星座所构成。通过接收来自至少 4 颗星的信号，接收点的位置（纬度、经度和高度）就可以精确地确定。事实上，在该系统中，卫星代替了地面测量中的测量位置标记。在地面测量中，只需要 3 个这样的标记就可通过三角关系来确定纬度、经度和高度。在 GPS 系统中，还需要一个时间标记，因此需要同时获得来自 4 颗卫星的测量数据。

在 GPS 系统中使用单向传输，即只有从卫星到用户的链路，所以用户不需要发射机，只需要一个 GPS 接收机。接收机需要测量的唯一量就是时间，根据它可获得传输时延，因而可确定到每一颗卫星的距离。每颗卫星都不断地广播其星历表，根据星历表可计算卫星的位置。已知到达 3 颗卫星的距离和各卫星的位置，就可以计算出每个观察者的位置。

如果坐标系统中 3 个点的位置已知，且观察者到这 3 个点的距离可测量出来，那么观察者在该坐标系统中的位置就可以计算出来。在 GPS 系统中，3 个点的位置由 3 颗星提供。当然由于卫星在不断移动，所以他们的位置必须精确跟踪，卫星的轨道可通过轨道参数预测到，这些参数由一个控制站不断地更新，并将这些参数发送到卫星上。在卫星上，这些数据又作为卫星导航信息的一部分被广播出去。

GPS 星座由位于 6 个近似圆形轨道中的 24 颗星组成，轨道高度约为 20000km。各轨道升交点之间间隔 60°，每个轨道的倾角为 55°。每个轨道中的 4 颗星不规则的排列，以使得定位更加精确。

每一颗卫星都广播其星历表，该星历表内包含用来计算其轨道位置的轨道要素，前面提到的卫星星历表由一个地面控制站不断地更新和纠正。应当指出，GPS 系统最初且最主要是用于军事，但是，目前民用也相当广泛，而且已成为 GPS 计划的一部分。

时间以两种方式进入定位过程。一种方式是星历数据同一个特定时间或时间段相关联，标准的时间基准是一个原子级时间基准，它位于美国海军天文台，它给出的时间称为GPS时间。每一个卫星携带它自己的原子钟，控制站监测从卫星上广播下来的时间，它将检测到的星上时间同GPS时间的差值发送回卫星。在星上并不对时钟做出修正，而是将这些误差信息重新广播出去供用户站接收，由用户站在定位计算过程中做出修正。另一种方式是利用时间标记表示发送信号离开卫星的时间，这样可以通过测量传输时间并且已知传输速度，进而计算出距离。但是这里有一个问题，用户站没有直接的方法知道卫星的发送信号开始发出的时间，因此在 GPS 系统中还有较为复杂的时间差获得系统。通常情况下，GPS 需要使用扩频技术来精确获得时间差。

10.5 宽带多媒体卫星通信系统

宽带卫星通信是指利用通信卫星作为中继站在地面站之间转发高速率通信业务，是宽带业务需求与现代卫星通信技术相结合的产物，也是当前卫星通信的主要发展方向之一。

作为宽带卫星通信系统中继节点，宽带通信卫星（也称多媒体卫星）一般具有较宽的带宽、很高的有效全向辐射功率（EIRP）和品质因数（*G*/*T*）值，并且通常具备星上处理和交换能力。利用宽带通信卫星可以向极小口径终端（USAT）提供双向高速互联网接入和多媒体业务。

宽带卫星通信系统的典型应用包括：

（1）娱乐，如视频点播、电视分发、交互式游戏、音乐应用、流媒体等应用；

（2）因特网接入，如高速因特网接入、多媒体应用、远程教学、远程医疗等应用；

（3）商业，如视频会议、企业对企业的电子商务等应用；

（4）话音和数据中继，如 IP 话音、文件传输等应用。

10.6 “旅行者”号

“旅行者”1 号（Voyager 1）（图 10-10）是美国国家航空航天局（NASA）研制的一艘无人外太阳系太空探测器，质量为 825.5kg，于 1977 年 9 月 5 日发射，截止到 2018 年仍然正常运作。它是有史以来距离地球最远的人造飞行器，也是第一个离开太阳系的人造飞行器。受惠于几次的引力加速，“旅行者”1 号的飞行速度比现有任何一个飞行器都要快些，这使得早它两星期发射的姊妹船“旅行者”2 号永远都不会超越它。它的主要任务在1979年经过木星系统、1980年经过土星系统之后，结束于1980年11月20日。它也是第一个提供了木星、土星以及其卫星详细照片的探测器。2012 年 8 月 25 日，“旅行者”1 号成为第一个穿越太阳圈并进入星际介质的宇宙飞船。截至 2018 年 1 月 2 日止，“旅行者”1 号已经离太阳 141 天文单位（2.11×10^{10} km），是离地球最远的人造物体。

“旅行者”1 号目前在沿双曲线轨道飞行，并已经达到了第三宇宙速度。这意味着其轨道再也不能引导航天器飞返太阳系，与没法联络的“先驱者”10 号及已停止操作的“先驱者”11 号一样，成为了一艘星际航天器。

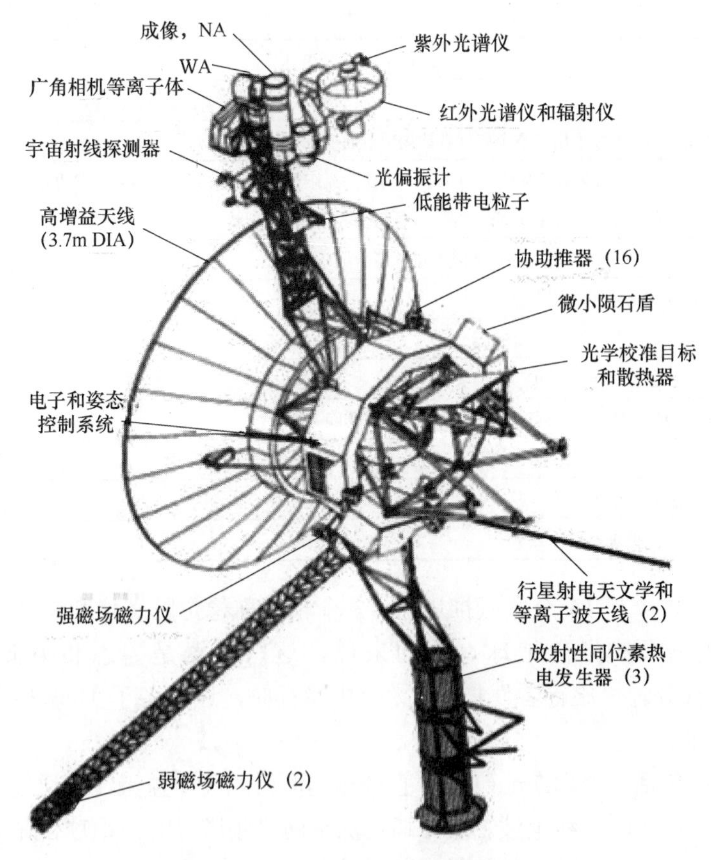

图 10-10 “旅行者”1 号设备结构图

“旅行者”1 号原先的主要目标，是探测木星与土星及其卫星与环。现在任务已变为探测太阳风顶，以及对太阳风进行粒子测量。两艘“旅行者”号探测器，都是以三块放射性同位素热电机作为动力来源。这些发电机目前已经大大超出了最初的设计寿命，一般认为它们在大约 2020 年之前，仍然可提供足够的电力令航天器能够继续与地球联系。钚核电池能够保证“旅行者”号上搭载的科学仪器继续工作至 2025 年。2036 年，讯号传输的电力将消耗殆尽。一旦电池耗尽，“旅行者”1 号将继续向银河系中心前进，不会再向地球发回数据。表 10-5 所列为“旅行者”1 号的标志性事件。

表 10-5 “旅行者”1 号标志性事件

日期	事件
1977-09-05	12:56:00 UTC 航天器发射升空
1977-12-10	进入主小行星带
1977-12-19	超越“旅行者”2 号
1978-09-08	离开主小行星带
1979-01-06	开始木星观测阶段
1980-08-22	开始土星观测阶段

（续）

日期	事件
1980-12-14	延伸任务开始
1990-02-14	“旅行者”1号拍摄了整个旅行者计划中最后一张相片太阳系全家福
1998-02-17	“旅行者”1号超越“先锋”10号，成为距离太阳最遥远的航天器，距离地球约69.419 AU。旅行者一号每年以超过1 AU的速度离开太阳，比“先锋”10号还要快
2004-12-17	于距地球94 AU处通过终端激波并进入了日鞘
2007-02-02	终止的等离子子系统操作
2007-04-11	终止等离子体子系统的加热器
2008-01-16	终止行星无线电天文实验
2012-08-25	于距地球121 AU处越过太阳圈，进入星际空间
2014-07-07	进一步确认已抵达星际空间
2016-04-19	终止紫外光谱仪操作
2017-11-28	轨道修正推进器再次点火

“旅行者”1号有16个联氨推进器、3个轴对称稳定陀螺仪和参考仪器，以保持探测器的无线电天线指向地球。总的来说，这些仪器是姿态和关节控制子系统（AACS）的一部分。“旅行者”1号在太空中飞行时，还装备了11套科学仪器，用于研究行星等天体。

该通信系统包括一个3.7m（12ft）直径抛物面天线高增益天线，通过地球上的三个深空网络站发送和接收无线电波。通常通过深空网络频道18向地球传输数据，频率为2.3 GHz或8.4 GHz，而从地球到旅行者号的信号以2.1 GHz广播。当“旅行者”1号无法与地球直接通信时，它的数字磁带记录器（DTR）可以记录大约64kB的数据，以便在另一时刻进行传输。“旅行者”1号发出的信号需要19h才能到达地球。

10.7 北斗系统

北斗卫星导航系统（BDS）是我国独立自主建设的一个卫星导航系统，由两个独立的部分组成，一个是2000年开始运作的区域实验系统，另一个是正在建设中的全球导航系统。

第一代北斗系统，官方名称为北斗卫星导航试验系统，也被称作北斗一号，由三颗卫星提供区域定位服务。从2000年开始，该系统主要在中国境内提供导航服务。第二代北斗系统，官方名称为北斗卫星导航系统，也被称为北斗二号。北斗二号建成后，将是一个包含16颗卫星的全球卫星导航系统，分别为6颗静止轨道卫星、6颗倾斜地球同步轨道卫星、4颗中地球轨道卫星。截至2011年11月，北斗二代包含了10颗卫星，开始在中国投入服务。2012年11月，第二代北斗系统开始在亚太地区为用户提供区域定位服务。

北斗卫星导航系统、美国全球定位系统（GPS）、俄罗斯全球导航卫星系统（GLONASS）和欧盟伽利略定位系统（Galileo）为联合国卫星导航委员会认定的全球卫星导航系统四大核心供应商。

2015 年中期，中国开始建设第三代北斗系统（北斗三号），进行全球卫星组网。北斗卫星第三代导航系统空间段计划由 35 颗卫星组成，包括 5 颗静止轨道卫星、27 颗中地球轨道卫星、3 颗倾斜同步轨道卫星。第一颗三代卫星于 2015 年 3 月 30 日发射升空。截至 2018 年 7 月，已发射了 15 颗第三代在轨导航卫星。按照计划，该系统应在 2018 年覆盖"一带一路"国家，2020 年完成建设提供全球定位服务。

据中国日报报道，北斗系统第一颗卫星发射 15 年后，它每年为几家大型企业服务产生的营业额高达 3150 万美元，其中包括中国航天科工集团、高德软件有限公司和中国兵器工业集团公司。

本章要点

1．卫星移动通信系统按用途可分为海事卫星移动系统（MMSS）、航空卫星移动系统（AMSS）和陆地卫星移动系统（LMSS）。

2．卫星移动通信是指利用卫星转发器构成的通信链路，使移动体之间或移动体与固定体之间建立的通信。因此它可以看成是陆地移动通信系统的延伸和扩展。

3．比较典型的对地静止卫星应用实例有：提供全球覆盖的国际海事卫星（Inmarsat）系统；提供区域覆盖的瑟拉亚卫星（Thuraya）系统；北美移动卫星（MSAT）系统；甚小口径终端系统（VSAT）等。利用非对地静止卫星来提供各种业务方面也取得了飞速发展，如全球星系统（Globalstar）、全球定位系统（GPS）、全球个人通信系统—铱星系统（Iridum）等。

参考文献

[1] 孙学康，张政. 微波与卫星通信[M]. 2 版. 北京：人民邮电出版社，2007.

[2] Dennis Roddy. 卫星通信[M]. 3 版. 北京：人民邮电出版社，2002.

[3] 郭庆，等. 卫星通信系统[M]. 北京：电子工业出版社，2010.

[4] RAPPAPORT T S. 无线通信原理与应用[M]. 北京：电子工业出版社，2006.

[5] 张乃通，张中兆，李英涛，等. 卫星移动通信系统[M]. 2 版. 北京：电子工业出版社，2000.

[6] 张更新，张杭，等. 卫星移动通信系统[M]. 北京：人民邮电出版社，2001.